AF355715

DE LA VIE.

PAR Ph. LOROT.

Nosce te ipsum.

A PARIS,

DE L'IMPRIMERIE PORTHMANN,

RUE SAINTE-ANNE, N°. 43.

1818.

A MON PERE ADOPTIF.

IL est des végétaux qui, bien que d'une famille vivace, n'ont dans une tige débile et des feuilles étiolées, qu'à peine de quoi végéter un printemps. Si l'Herbier du Botaniste recueille sa fleur éphémère, elle rappelle moins l'être chétif qui l'a portée, que l'art du Cultivateur qui sut prolonger jusques-là son existence chancelante. Je suis parmi les Hommes cet Individu si fragile, et je dois à tes soins, ô mon PÈRE! les jours que je traîne encore; leur cours va pourtant s'interrompre. Il ne tient plus à toi de me rendre une vingtième fois la vie. Semblable à ce végétal, que n'ai-je l'espoir de laisser, comme lui, dans une faible production, un monument éternel des bienfaits dont tu n'as cessé de me combler! Mais, je le sens trop, l'obscurité de mon nom entraînera avec moi dans la tombe le souvenir des vertus dont tu m'as rendu le témoin. Si je pouvais, au moins, saisir la seule occasion de te rendre un témoignage public de ce qu'elles m'ont inspiré! Mais si de nouvelles souffrances, en sollicitant de nouvelles preuves d'atta-

chement, ont en même temps tellement diminué mes facultés, que j'essayerais en vain de peindre ce que j'éprouve. Je cesserai donc de te parler de ma reconnaissance, avant même de cesser de te devoir encore. Combien j'eusse désiré pourtant que mon dernier soupir fût plutôt un témoignage de ma gratitude qu'une nouvelle obligation que me dérobera la mort !

A V I S.

RÉDUIT par les progrès rapides de mon mal au marasme le plus profond, il ne m'est plus permis de soutenir dans une thèse inaugurale mes opinions physiologiques. Il serait plus sage sans doute de leur faire partager mon obscurité, en les emportant avec moi dans la tombe ; mais on pardonne à un mourant une action délirante. J'ose encore les offrir au Public, bien que ne pouvant plus être considéré comme obligé, cet Ouvrage cesse d'être à l'abri d'une juste censure.

DE LA VIE.

A TTEINT d'une affection mortelle, je me hâte de
profiter du peu de forces qui me reste pour faire
connaître quelques réflexions physiologiques ; puissent-elles être plus utiles à l'humanité que leur auteur ! Cet espoir est l'unique consolation qu'il em-
porte dans la tombe ; mais mon obscurité va les
plonger en naissant dans un éternel oubli ; et suffit-il
de quelques années d'un travail opiniâtre, de l'a-
mour excessif des sciences, enfin d'un peu d'imagination, pour n'être pas confondu avec cette foule
d'êtres insignifians qui n'écrivent que pour écrire ?
Eussé-je dit la vérité, dictée d'un lit de douleurs,
et par fragmens épars, à mon meilleur ami, qui, par
malheur pour la science, n'est pas physiologiste,
quels droits va-t-elle avoir à l'attention des hommes ?
Un amas incohérent de notes éparses et suggérées par
mille sujets divers, au fur et à mesure qu'ils m'étaient
présentés par les différens auteurs que je consultais,
tel est l'écrit qui va me servir de thèse inaugurale.
C'est une sorte de compilation informe de mes propres
idées sur la théorie des propriétés vitales. Ma pénible

situation ne me permet pas d'y rien changer; c'est telles que je les ai conçues et aussi peu soignées que ce qu'on écrit pour soi, qu'elles vont être présentées. Un semblable sujet devait être mûri, médité, la vie d'un homme eût suffi à peine. Bien que pénétré de mon incapacité, j'avais osé entreprendre de le faire; le sort en décide autrement, je vous le soumets, ô vous illustres professeurs de cette école; ne dédaignez pas d'y jeter un coup-d'œil; sacrifiez à sa lecture un de ces instans que vous ne consacrez pas au soulagement de l'humanité; et à travers les plus ineptes simplicités, l'âpreté d'une rédaction que l'instruction n'a pas polie, vous découvrirez quelques vérités utiles. Puissiez-vous ensuite leur imprimer le cachet de votre génie! puissent-elles en vos savantes mains devenir des vérités fécondes! Mais qu'ai-je dit? Pardonnez à cet excès d'orgueil; on voudrait tant se croire quelque chose, quand on va bientôt n'être plus rien; laissez, laissez mon livre, je serai trop heureux que vous l'indiquiez à quelque jeune candidat pour qu'il y puise, sinon de la science, du moins l'amour du travail.

On voudrait en vain se le dissimuler, la physiologie n'est point une science exacte; qu'il y a loin, en effet, du hasard heureux avec lequel Galien prédit une hémorragie, et l'exactitude avec laquelle le moindre physicien prescrit la chûte d'un grave! Qui, après Galien, fut aussi heureux dans ses prédictions?

qui, au contraire, après Newton, ne connut pas
aussi bien que lui la force de gravitation ?

Ce n'est pas qu'il manque d'hommes comme Galien, et est-il parmi les professeurs de cette illustre
école un nom moins digne que le sien de l'immortalité ? C'est la science qui est en défaut, ou plutôt elle
existe ; mais les préceptes imaginaires , incertains,
nous laissent dans un dénuement absolu. Dans quel
embarras ne se trouve pas celui qui entreprend de pénétrer dans la science de l'homme ! quel conflit d'opinions frivoles mêlées à quelques vérités ! et quand il a
su les distinguer, que ne lui reste-t-il pas à savoir ?
Mais alors que prendra-t-il pour guide, et est-il un
auteur qui s'accorde avec ceux qui l'ont précédé, s'il
n'en est le compilateur ?

Ici, l'hydraulique remplit tous les rôles dans l'économie ; là, c'est la mécanique des solides ; plus loin,
l'homme n'est plus qu'une vaste machine électrique ;
enfin, le plus grand nombre, en criant à l'anathême
contre tant d'absurdités, en substitue une qui est la
plus généralement reçue, parce que fruit de la seule
imagination, elle s'applique à tout, explique tout.
Sachez le mot qui la représente ou plutôt qui la
constitue, et vous êtes physiologiste ; ce mot est le
fond de la science : principe vital, voilà ce grand, ce
sublime moyen de ne rester court sur rien. Une plaie
se ferme-t-elle, la cicatrice est due au principe vital ;
tarde-t-elle à se fermer, c'est que le principe vital est

dans l'inertie ; tombe-t-elle en gangrène, le principe vital s'en est absenté totalement. On va jusqu'à dire, quand cette gangrène succède à l'inflammation, qu'il y a mort par excès de vie. Les antithèses sont-elles donc aussi admises en physiologie ? et n'est-ce point un véritable jeu de mots ? Ce n'est pas la seule plaisanterie qu'on se soit permise. « On veut, a dit un » auteur, que les propriétés vitales soient dépourvues » de caractères ; mais n'en est-ce pas un que leur » constante irrégularité ? » Un caractère est le résultat de traits qui font reconnaître toujours et partout l'objet auquel ils appartiennent. Or, quels traits, s'ils ne sont pas constans, peuvent usurper le titre de caractère ?

Ce n'est pas non plus, comme on l'a dit encore, la faible portée de nos sens qui nous les dérobe, ces caractères ; c'est qu'ils n'existent pas plus que les propriétés auxquelles on les attribue.

Chaque jour n'entendons-nous pas répéter dans cette enceinte révérée, que les propriétés vitales s'exhalent ou s'affaissent ? Sont-elles donc des êtres pour avoir ainsi des degrés d'accroissement et de déclin ? De quelle autre inexactitude ne sont pas remplis nos livres de matière médicale, quand ils nous présentent les toniques, les stimulans de la contractilité, les sédatifs de la sensibilité, etc. ? Ces propriétés sont-elles donc des êtres palpables, pour que des médicamens les atteignent ? Et quelle idée attache-t-on à ce langage inexact ? M. Richerand en a rectifié le sens pour les sympathies, il les a désignées comme des mots qui voilaient notre ignorance : pourquoi son éloquence n'a-t-elle pas fait aussi justice de toutes les propriétés vitales qui n'expriment rien de plus ?

Serait-ce à mes débiles mains à relever tant d'erreurs ? Pourquoi Bichat, qui fit faire de si grands pas à la science, lui fut-il sitôt ravi ! il eût accompli ce grand ouvrage ; car ce n'est qu'en marchant sur ses traces que je crois avoir lu dans le livre de la nature. « La vie, a-t-il dit, est l'ensemble des fonctions » qui résistent à la mort. » En vain M. Richerand combat cette définition qu'en donne le physiologiste immortel, ce n'est que quand Bichat s'en éloigne qu'il partage le tort commun. « Bichat, dit M. Richerand, ne fait pas attention que *cette résistance* » *est elle-même un effet de la vie.* » Oui, la résistance est l'effet de la vie ; mais cette vie n'en est pas moins qu'un ensemble de fonctions, et ce n'est que quand elles sont développées qu'on peut dire qu'il y a vie ; aller au-delà, c'est supposer un être abstrait, imaginaire, et qui est à la physiologie ce que fut si long-temps l'horreur du vide aux physiciens. Cessons de prendre l'effet pour la cause, et quand nous voyons la matière passant à un état nouveau, revêtir de nouvelles propriétés, n'attribuons pas à celles-ci les changemens de la matière qui ont préexisté. Telle est pourtant la source de toutes nos erreurs ; et jamais on n'aurait dit que la vie venait animer la matière, si on avait fait attention que la matière organisée préexistait à la vie. N'aurait-on pas vu, en effet, que celle-ci n'est qu'une série nouvelle de propriétés que revêt la matière, à mesure qu'elle passe dans les conditions propres à la remplir ?

Il nie qu'il y ait des propriétés vitales, va-t-on s'écrier de toutes parts, et chacun va fuir ce livre, crainte d'y puiser seulement un doute sur cette hypothèse chérie ; oui, j'ai tort, oui, je serai regardé comme un novateur insensé ; oui, les hommes les plus graves et les plus justement célèbres vont m'accabler de leur dédain, me condamner sans me lire. Que puiser, en effet, dans les écrits d'un étudiant obscur, quand on a lu *les Haller*, *les Bichat*, *les Cabanis*, *les Chaussier*, *les Richerand ?* Quelle foi ajouter à des rêveries dont le moindre tort est de contredire les hommes illustres que je viens de nommer !

Ma faible plume ébranlerait-elle ce colosse physiologique, ce principe vital si péniblement élevé par les plus grands hommes dont puissent s'honorer la philosophie et l'histoire naturelle ? Loin de nous, dira-t-on, ces misérables égaremens de l'imagination, nous ne pourrions y puiser que l'orgueil insensé de leur imbécille auteur.

Rejetez, j'y consens, ce qui dans mon livre est le résultat d'un défaut manifeste d'instruction et de génie : mais, élaguant toutes ces impuretés, ne proscri-vez pas avec elles cette vérité qu'il renferme en même temps ; savoir, que la vie n'est qu'un ensemble de fonctions, que la matière en est la source, et que les lois immuables auxquelles est soumise cette matière sont les conditions de son développement. La moisis-sure éphémère doit-elle donc à la vie de s'élever au-dessus du sol où le hasard en a rassemblé les prin-cipes, et ces nouvelles propriétés qu'ils revêtent de croître et de se nourrir, ne sont-elles pas de nouvelles propriétés de la matière changée d'état ? Le chaud, l'humide, n'ont-ils pas préexisté à cette vie, et ne sont-ils pas bien plutôt les conditions de son déve-loppement que les berceaux imaginaires qui la con-tenaient ? Le carbonne, l'oxigène et l'hydrogène qui constituent ces fragiles végétations, la contenaient-ils davantage, et peut-on dire autre chose, sinon que la matière peut, dans des conditions données, revêtir les propriétés dont l'ensemble constitue la vie ? Eh bien ! il en est pour tous les êtres vivans, ce qu'il en est pour ces moisissures ; partout et toujours l'or-ganisation préexiste à la vie, le tissu à la propriété, l'organe à la fonction ?

C'est pour n'y avoir point fait attention que les er-reurs se sont perpétuées en physiologie, et qu'arrêtés par des obstacles insurmontables, les physiologistes se sont vus forcés de créer des mots qui remplaçassent les idées ; bien plus, ils ont été jusqu'à créer des individus, des êtres palpables et volontaires qui gouvernent la matière ; ce n'est point une fiction, ils ont aussi leur Olympe.

Les Grecs, peu savans en physique, avaient donné des foudres à Jupiter pour expliquer le tonnerre ; créé l'écharpe d'Iris pour expliquer l'arc-en-ciel ; Neptune soulevait les eaux, et Borée enflait les voiles. La rotation de la terre, alors ignorée ; l'effet du soleil sur la dilatation de l'air, inconnu aussi, avaient été personnifiés sous ces noms divers ; les physiologistes ont aussi personnifié leur ignorance : le principe vital, la sensibilité, la contractilité, et surtout les sympathies, tels sont les personnages qui composent leur Olympe. Chacun leur a donné des attributs à son gré ; et ce qui prouve encore le peu de fondement de leur existence, c'est que tous diffèrent, suivant les auteurs ; il n'en est aucun qui définisse comme les autres ces déités imaginaires Consultez, pour en acquérir la preuve, toutes les monographies, tous les ouvrages élémentaires, et vous verrez comme ils discordent sur les propriétés vitales ; comment, en effet, s'accorder sur ce qui est le produit de l'imagination ?

Le temps n'est-il pas venu de renverser tant de suppositions gratuites ; rentrons avec tous ceux qui cultivent les sciences exactes dans la simple route de l'observation ; ne supposons rien, ne voyons rien au-delà de ce que nous offrent nos sens ; nos sens ne perçoivent que ce qui est matière et palpable ; les propriétés vitales ne le sont pas. Il ne doit pas être pour nous de propriétés vitales, ou au moins elles ne sont que conséquence des états divers que peut revêtir la matière.

Tous les corps de la nature ont autant de propriétés que d'états qu'ils peuvent revêtir ; jamais un corps ne cesse d'être, et par conséquent d'avoir des propriétés. Pour faire partie d'un corps vivant, une molécule matérielle n'a pas abandonné les propriétés de la matière, elle en a revêtu de nouvelles dans de nouvelles conditions ; il n'y a donc que des conditions vitales et non des propriétés vitales : celles-ci ne sont que les fonctions ou produits sensibles des nouvelles propriétés que revêt la matière, à mesure qu'elle change d'état.

Le physicien a-t-il jamais dit que le calorique modifiât la force de gravitation, parce qu'il diminue la pesanteur spécifique du corps qu'il dilate ; pourquoi donc commettre ce contre-sens pour les corps vivans ? On dit que les climats changent les propriétés vitales, puis consécutivement l'être qu'elles animent ; moi, je dis qu'ils changent l'être, puis consécutivement les propriétés, qui sont la suite nécessaire de sa constitution.

Il n'est pas étonnant qu'on se soit trompé, nos sens grossiers n'aperçoivent de changemens dans nos organes que quand ils y sont profondément gravés ; au contraire, ils aperçoivent tout de suite une variété dans des mouvemens organiques, et voilà pourquoi on a cru que ces mouvemens étaient d'abord atteints; mais n'est-ce pas dire que quelque chose agit sur rien? car des propriétés ne sont pas des corps, et le climat, la saison, n'agissent pas sur rien. Qu'on revienne donc de cette idée antique, que les propriétés vitales sont d'abord modifiées. On a pu le croire long-temps, et je viens d'en donner la raison; mais si notre pensée redresse un bâton que l'eau courbe à nos yeux, pourquoi ne releverait-elle pas les autres erreurs de nos sens? et j'ai prouvé, je crois, que c'en était une que d'attribuer les changemens de texture à des changemens de propriétés.

Eût-on jamais donné la théorie de l'arc-en-ciel, si on n'eût décomposé la lumière en rayons primitifs? Comment donc voulez-vous rendre raison des propriétés des corps vivans, dont l'analyse n'a point été faite? car, voulez-vous regarder comme telles les connaissances grossières que nous avons sur la fibrine, la gélatine et l'albumine? connaissons-nous leur quantité, leurs rapports respectifs? La chimie a fait faire en cela un grand pas à la physiologie; mais, que ne lui reste-t-il pas à faire encore?

L'analyse des tissus ne pouvant se faire qu'après la mort, on n'aura plus en eux les tissus qu'on avait intérêt d'étudier, par cela seul qu'un d'eux ne remplit plus de fonctions; c'est qu'il est privé d'un de ses principes, ou changé de texture : et en effet, son calorique, les liquides qui le parcouraient, les rapports des organes voisins, les froissemens qu'ils exerçaient sur lui ; tels sont les élémens qui manqueront à l'analyse ; et pourtant, comment, sans eux, tirer des conclusions ? Hommage soit à jamais rendu à l'immortel Bichat, qui, le premier, a senti de quelle importance était la dissection des animaux vivans ! Il a prouvé, par son anatomie générale, que la science ne s'enrichirait qu'en faisant concorder l'histoire des propriétés avec celle des tissus qui les revêtent : cet ouvrage immortel n'offre pourtant pas ce concours tellement heureux, qu'on ne puisse y distinguer à son gré les propriétés des tissus vivans, des propriétés des tissus morts : il n'offie pas les premières comme une conséquence de la nature des tissus ; ils sont isolés et distincts : et l'auteur lui-même aurait été fort embarrassé de dire pourquoi tel tissu avait été, pendant la vie, plus sensible ou plus contractile que tel autre qui lui ressemblait, sur le cadavre, mais qui, sur le vivant, en avait différé par ses propriétés. Convaincu de ce désaccord, l'illustre Bichat convint qu'il n'agissait que sur les cadavres de ces tissus, comme, dit-il, les chimistes n'agissent que sur les cadavres de nos humeurs. Que voulait-il dire par-là ? Que la vie les avait abandonnés : mais cette vie n'était que les fonctions qu'ils remplissaient ; les fonctions interrompues supposaient une altération dans la texture.

mais, tombant dans l'erreur commune, il dit que le principe vital n'y était plus. Aurait-il poussé cette conclusion si loin de la stricte observation, s'il avait réfléchi que ces tissus n'étaient plus pénétrés de liquides, de fluides, de caloriques, etc., et que privés de leurs matériaux, ils ne devaient plus avoir les mêmes propriétés ?

Son ouvrage, pourtant, est peut-être ce que l'esprit humain pourra faire de plus exact en ce genre ; car, je le répète, il est des principes qui, tout matériels qu'ils sont, se dérobent à nos sens et à nos moyens cohersifs, de sorte que nous ne pourrons jamais agir que sur des résidus d'une décomposition déjà avancée. Oui, je ne saurais trop le dire, un tissu mort est déjà décomposé, soit qu'il manque d'un de ses principes, soit qu'il en soit saturé au-delà des lois prescrites pour le développement de la vie, soit, enfin, que ses matériaux constituans, ayant changé de rapports, ne soyent plus dans ceux assignés à la matière, pour produire les phénomènes vitaux. D'autre part, les liens qui joignent entr'eux nos organes, les principes qu'ils reçoivent les uns des autres, les mettent dans une dépendance qui nous prive à jamais du moyen d'analyser chacun d'eux : en effet, arrachez à l'instant le cœur palpitant d'un animal, et déjà, privé du sang que lui envoyaient les parties du corps, de celui très-différent que lui envoyait le poumon, privé du fluide nerveux qu'il recevait du cer-

veau, il ne sera plus ce qu'il était avant; ce sera le
cœur, moins ces principes constituans; et en supposant que vous ayez alors les moyens de mesurer son
calorique, son électricité, sa gélatine, sa fibrine,
son albumine, etc., et vous n'aurez analysé qu'un
cœur manquant de trois principes constituans.

Je veux bien supposer encore que vous puissiez
cohercer son fluide nerveux, le sang que lui envoyaient le poumon et le corps, sans qu'ils changent
de nature par la stagnation, la quantité de calorique,
d'albumine, de gélatine, de fibrine, les proportions
d'hydrogène, d'oxigène, de carbone et d'azote qui
composaient ces derniers, aurez-vous déterminé
exactement les rapports dans lesquels étaient, avec
les principes matériels, les fluides incohersifs? Quoique le cœur soit également chaud, il est très-présu-
mable que l'albumine avait une quantité de calorique
différente de celle qu'avait la fibrine ou la gélatine;
aurez-vous constaté dans quels rapports étaient l'une
à l'autre les molécules de ces derniers? L'analyse la
plus grossière nous prouve qu'elles sont mêlées; et,
certes, ce n'est pas au hasard, et indifféremment pour
les phénomènes qu'elles produisent : enfin, auriez-
vous pu faire coordonner avec tel mouvement, la
forme des divers faisceaux fibrilaires? il n'est pas une
fibre de cet inextricable organe qui ne concoure à la
contraction. Connaissez-vous la disposition de ces
fibres? connaissez-vous même le plus léger rapport

entre la forme conique du cœur et son mode d'action? cependant ce rapport existe, et nous l'ignorons.
Que n'ignorons-nous pas?

En vain donc, comme je l'ait dit, Bichat analysait
les tissus vivans, les lésions qu'ils éprouvent alors,
y portent un trouble qu'il faudrait connaître. Quels
obstacles éternels se présentent donc à l'étude de la
physiologie? mais, doit-ce être une raison pour suivre
une route plus facile, sans doute, et qui ne conduit
qu'à l'erreur?

D'où viendrait, si les propriétés vitales n'étaient pas
que des propriétés de tissu, que la physiologie n'a
fait quelques progrès que depuis que l'ouverture
des corps a permis de les connaître? Et, s'il n'y avait
que des propriétés vitales à supposer, qu'y avait-il
besoin d'aller les chercher dans des matériaux qu'elles
avaient abandonnés? Espérait-on en retrouver des
traces? Mais, quelles traces peuvent laisser ces propriétés? On ne regardait pas comme telles l'élasticité,
la mollesse, l'onctuosité, dont sont encore pourvues
nos membranes après la mort; cependant, ces propriétés n'ont pas été inutiles pendant la vie : elles y
ont joué un rôle. Pourquoi donc ne se sont-elles pas
effacées comme la contractilité, la sensibilité qui
concouraient avec elles ? C'est que les tissus exami-
nés conservent encore les matériaux auxquels ils les
ont dues, et qu'ils ont perdu les principes d'où dé-
pendaient les facultés qu'on n'y retrouve plus.

Que manque-t-il au reptile engourdi par le froid?
Du calorique. Fournissez-lui-en, il se réveillera.
Qu'est-ce que ce réveil? De nouvelles fonctions d'un
corps nouveau. L'animal engourdi était un corps composé, qui vivait à sa manière, et en raison directe
des corps qui le composaient. Vous changez sa composition en la saturant de calorique, et vous changez
en même temps ses propriétés : mais vous aimez mieux
dire alors que le principe vital est réveillé. Où était-il
donc, ce principe vital? Quoi! un principe subtil et
immatériel peut être engourdi ? des propriétés
peuvent cesser d'être, quand la matière est encore ?
Séparez donc la force de gravité des pierres qu'elle
anime; et que vous restera-t-il? Il en est de même
pour la vie; c'est un ensemble de fonctions qui est
toujours en raison directe de la matière qui le met en
jeu : composez les corps matériels dans les conditions qu'elle exige, et vous développerez la vie.

L'estomac peut secréter du mucus, de la sérosité,
même du suc gastrique, parce qu'il est pourvu de
follicules uniques, de capillaires séreux, et de vaisseaux propres ; mais jamais il ne secrétera de bile,
d'urine ; jamais il n'aura de sensations comme le cerveau, c'est tout simplement parce qu'il n'est pas organisé pour cela ; et en vain on le pourvoirait imagi-
nairement de la sensibilité du foie, du rein ou de l'encéphale, il ne peut pas les remplacer dans leurs fonctions. Dans quelle erreur le système des propriétés

vitales peut faire tomber l'homme le moins capable de se tromper! et qui ne s'étonne point d'entendre Bichat dire, en parlant de la variation de la sensibilité organique : « Je crois que cela peut aller au point que le » rein, prenant une sensibilité analogue à celle du » foie, sépare la bile en nature. » Qu'eût dit, après cela, ce physiologiste célèbre, si on lui eût soutenu que, sans perdre de sa nature calcaire, un os est devenu assez sensible et contractile pour se raccourcir, s'allonger, se recourber, se redresser spontanément, à peu près comme le ferait le cœur? Certes, il ne pourrait pas, sans inconséquence, soutenir que les propriétés vitales n'ont pas pu s'y exalter à ce point; au contraire, une telle absurdité tombe d'elle-même ; d'après ma théorie, il suffit, pour être démenti, que le conteur soutienne que l'os a conservé sa texture et sa nature chimique. Mais, moins hypothétique, on conçoit, on avoue ajourd'hui qu'un organe membraneux comme l'estomac, ne peut pas remplir les mêmes fonctions que des organes épais, parenchimateux, pourvus de capillaires infinis, et de conduits excréteurs. On avoue, dis-je, cette identité d'action de chaque viscère avec son organisation ; on voit que la vésicule du fiel est destinée à recevoir la bile; que la vessie l'est à recevoir l'urine. On convient que la nature ne les a faites que pour ces fonctions, qu'aucun n'est formé tissu pour les remplacer ; et on ne veut pas passer le même raisonnement jusqu'à la structure intime, parce qu'elle qu'elle se dérobe à nos yeux : on aime mieux supposer des propriétés vitales, que de supposer, par analogie, qu'un tissu remplit telle fonction, exerce tel mouvement, par la simple raison qu'il est tissu composé pour cela. Nos tissus sont-ils donc les mêmes, pour être obligé de leur supposer des propriétés vitales, pour expliquer leurs différentes fonctions? Une séreuse a-t-elle donc tant d'analogie avec une muqueuse, pour être obligé de surajouter à la raison bien suffisante de leur texture dissemblable, une raison tout-à-fait imaginaire de la différence de leurs fonctions? Mais si la nature avait voulu employer ces propriétés vitales différentes, qu'eût-elle eu besoin de varier à l'infini la texture des organes? toutes les membranes eussent impunément été cutanées ou muqueuses, s'il eût suffi de les douer de propriétés vitales différentes.

Partout ne voyons-nous pas la matière préexister à la vie? N'est-ce pas elle qui se pare des propriétés diverses, à mesure qu'elle est plus compliquee? Ainsi, ce n'est pas parce qu'on est sensible qu'on a de gros nerfs, c'est parce qu'on a de gros nerfs qu'on est sensible. Le frai des grenouilles est antérieur à la fécondation qui doit y porter la vie ; et cette fécondation elle-même n'est qu'un produit de l'action du sperme sur le frai. Quand nous appliquons des émolliens, ce n'est pas sur la sensibilité ni la contractilité que nous agissons, c'est sur le tissu dont ensuite les propriétés sont modifiées en raison du changement qu'a éprouvé le tissu. Les toniques ne relèvent pas les propriétés vitales, comme on le dit ; ils agissent sur le tissu, qui, après avoir été modifié, devient plus contractile ou plus sensible.

Les propriétés sont-elles donc des corps, pour qu'on les modifie à l'aide d'autres corps ? Non, certes ; et il en est des propriétés vitales comme de la pesanteur, on ne saurait y ajouter ou en ôter, sans augmenter ou diminuer la masse du corps. Le mot masse est sans doute inexact, puisque nous voyons des tissus être plus sensibles et plus contractiles que d'autres, sous un moindre volume ; mais si l'on veut supposer avec moi que le tissu, essentiellement sensible, ou doué de toute autre propriété, a ses élémens dans des proportions et des rapports voulus, il devient évident que la même masse pourra, suivant l'arrangement de ses principes, revêtir des propriétés très-différentes, et qu'ainsi, ce sera modifier le tissu, que d'avoir changé le moindrement les rapports de ses nombreux élémens : ce n'est encore qu'ainsi qu'on en aura modifié les propriétés. Est-il, en effet, un médicament qui agisse sur le prétendu principe vital ? Une drogue n'est-elle pas un corps qui agit sur un autre corps non moins matériel que lui ? Les propriétés ne sont pas mises en jeu, elles sont nées du nouvel état de l'organe atteint et matériellement changé. Les médicamens les plus énergiques, pris dans la classe des poisons, sont ceux qui agissent le plus évidemment sur les tissus ; les passious mêmes ne modifient le corps que par des sortes de commotions vraiment physiques qu'elles peuvent faire éprouver. Or, qui doute que ces commotions ne puissent modifier avec énergie les rapports et l'état respectif des systêmes qui nous constituent? Ce n'est qu'après avoir éprouvé ce changement d'état, que l'être impressionné change de manière de sentir et de se comporter.

Quoi! selon les physiologistes, un capricieux principe vital se développe ou s'éteint sans qu'on sache pourquoi ; il résiste aujourd'hui aux médicamens qui le soumettront demain ; s'exalte par le chaud, s'engourdit par le froid, pour réagir ensuite ; mais ces deux impressions ont trop évidemment des rapports avec l'épanouissement et le resserrement de nos organes, pour qu'on ne voye pas qu'ici la fonction est encore une suite de l'état du tissu ; mais cette réaction vitale, après l'impression du froid, qu'est-elle autre chose qu'un changement de nos organes intérieurs, produit par le refoulement physique des humeurs vers le centre ? Les contractions redoublées du cœur n'indiquent que le changement de texture de l'organe ; mais non, les physiologistes veulent que ce soit le principe vital, qui, d'abord resserré, on ne sait pas trop pourquoi, s'épand et s'érige ensuite sans savoir davantage le motif de sa nouvelle conduite contre la cause qui l'avait d'abord ébranlé. On réplique que c'est pour la conservation de l'individu ; mais alors il était bien plus simple qu'il ne cédât pas en commençant. Si on me répond que, semblable à un tissu élastique, il revient sur lui-même avec d'autant plus d'énergie, qu'il a été plus comprimé , je remarquerai qu'on retombe avec moi dans une indigne matérialité, et que matière pour matière, il vaut mieux admettre celle dont on connaît déjà les propriétés, que d'en créer une à son gré, qui se ploye à quelques phénomènes isolés qu'on peut expliquer sans cela. Je demanderai aussi, puisque ce principe vital est si variable et si inconstant dans ses opérations, s'il est pourtant éternellement le même, suivant les êtres qu'il anime; pourquoi, par exemple, un individu athlétique et sanguin, est-il toujours doué d'un principe vital énergique, tandis que l'homme cacochime et faible n'en a qu'un incapable de le rappeler à un équilibre convenable ? Dira-t-on que c'est précisément parce qu'ils ont des principes vitaux différens, qu'ils offrent un aspect dissemblable? En admettant cette hypothèse, je peux hardiment saigner, purger, mettre à la diète l'homme pléthorique; il ne perdra rien de ses forces, car le principe vital qui l'anime, s'oppose à ce qu'il change : si, au contraire, j'alimente et je fortifie mon malade débile, il restera faible, parce qu'il n'est doué que d'un principe vital languissant ; cependant, l'expérience prouve le contraire. Est-ce que les alimens sont pénétrés aussi de principe vital, et qu'en nourrissant, j'ai augmenté ce principe ? qu'au contraire, j'ai diminué le même prin-cipe chez l'autre , par les débilitans ? Mais, si ce principe est dans les alimens, il est donc matériel ? et s'il est matériel, n'est-on pas obligé de convenir que la vie n'est qu'un ensemble de fonctions dues au concours de toutes les propriétés de la matière ?

Il est singulier qu'on convienne généralement qu'à la prédominence physique de tel systême, est attaché tel tempérament, et que l'on fasse ensuite abstrac-tion de ces systêmes, pour considérer les propriétés vitales comme des êtres isolés, qui impriment à la matière des changemens dont elles ne sont véritable-ment que le résultat.

Les prétendues propriétés vitales ne sont donc que des fonctions , toujours en raison exacte de la nature des corps qui les remplissent. Les lois vitales sont les conditions établies par la nature, dans lesquelles doit être la matière, pour jouir des propriétés qui consti-tuent la vie : ces conditions sont nombreuses, il est vrai, mais elles sont invariables comme les lois qui régissent l'univers ; et un tissu étant donné, placé dans les mêmes circonstances , il produira nécessai-rement les mêmes phénomènes. L'expérience journa-lière le démontre : le quinquina ne suspend-il pas constamment la fièvre intermittente; or, certes, un corps si matériel n'agirait pas sur des propriétés qui ne seraient pas matériellement atteingibles. C'est donc en modifiant un tissu, que le quinquina agit; et son action immanquable est une preuve manifeste que les conditions ou lois vitales étant remplies, les mêmes phénomènes ont nécessairement lieu. J'en dirai autant de tous les spécifiques ; et les cas rares où ils échouent, ne prouvent rien, sinon que le praticien qui en a fait l'application, s'est trompé dans l'indication.

Cessons donc de nous représenter la vie comme le résultat des lois qui envahissent la matière, la soustraient pendant un temps à l'influence des lois physiques, pour la leur abandonner ensuite ; c'est, en effet, précisément tout le contraire que nous montre l'observation ; c'est la matière, qui, en se compliquant, revêt des propriétés nouvelles, et qui, bientôt, perdant son ensemble, perd aussi peu à peu ces mêmes propriétés.

La faculté qu'a le chien de reconnaître au flair les traces de son maître, prouve combien les hommes diffèrent entr'eux. Eh bien ! cette différence s'aperçoit dans les tissus qui les composent. Il existe encore entre deux hommes réputés semblables, la plus notable différence ; le ton, la couleur, la texture, en sont des preuves irrécusables. Dira-t-on que ces variétés tiennent justement à l'irrégularité des propriétés vitales ? Qu'est-ce que des propriétés inconstantes ? Où en sont les bornes? En deçà et au-delà. Que n'expliquerait-on pas avec ces propriétés vitales, aussi vagues que la pituite et l'attrabile de nos ancêtres ?

D'autre part, pourquoi, si les propriétés vitales préexistent à la matière, sont-elles modifiées par elle ?
Pourquoi sommes-nous certains de faire varier ces
propriétés en changeant les tissus ? Pourquoi les alimens muqueux, l'humidité, etc., rendent-ils mous et
blafards comme le sont les Hollandais ? Pourquoi les
viandes noires relèvent-elles le ton de nos organes ?
Certes, il y a évidemment modification de la matière.
L'illustre *M. Hallé* a prouvé que si les alimens
contenaient une base nutritive, que nous pouvons
transformer en gélatine, en fibrine, etc., nous pouvons aussi puiser ces principes tout formés, dans les
alimens qui les contiennent.

Qu'on se le persuade donc bien, et je le repéte-
rais jusques à la nausée, les propriétés vitales ne
sont que les propriétés de la matière ; elles sont aux
tissus organisés ce que sont aux sels la couleur, la
cristallisation, etc., varient en raison des composans,
et ne préexistent jamais à l'état des corps, qu'à entendre les physiologistes elles arrangent à leur gré.

Pourquoi juge-t-on du caractère d'un individu sur
ses traits, ses formes, son attitude, son coloris ? C'est
que ce caractère est le résultat nécessaire de l'arrangement de la nature, des rapports mutuels et de l'ensemble des principes des tissus et des systêmes dont
il est formé. Eh bien ! de même un tissu isolé jouit de
propriétés qui ne sont que les propriétés qu'acquiert
la matière ainsi disposée. L'estomac jouit des pro-

priétés réunies des muscles, des séreuses, des muqueuses qui le composent; ces membranes elles-
mêmes réunissent les propriétés des nerfs, des vaisseaux, des glandes qui entrent dans leur texture;
ceux-ci participent de la nature de leur base gélati-
neuse, albumineuse et fibrineuse; qui tiennent enfin
de l'hydrogène, de l'azote, de l'oxigène, qui, réunis
en diverses proportions, leur ont donné naissance;
c'est ainsi que les propriétés vitales ne doivent leur
variabilité qu'à la foule de nuances existantes dans les
états infiniment multipliés que peut revêtir la matière.

C'est donc bien plutôt à l'énorme différence qui
existe entre la matière vivante et la matière physique,
qu'il convient de faire attention pour expliquer les
différences qui existent entre leurs propriétés, que
de supposer un principe à l'aide duquel on explique
tout sans rendre raison de rien. La mollesse de la
première n'est-elle pas la source de son impressionnabilité? le nombre de ses composans n'est-il pas la
source d'une infinité de mutations qui peuvent subir
dans leurs rapports, leur nombre, leurs proportions?
On avait reconnu quelle puissante influence ce nombre de principes a sur la décomposition putride;
mais on s'est arrêté là, et l'éternel principe vital est
venu suspendre l'observation; il évitait à l'esprit humain l'ennui des recherches, et il est si commode de
se rendre compte avec un mot de toutes les opérations
de la nature !

Quoi! la physique nous démontre qu'un corps métallique le plus dur, dans lequel on ne trouve que des molécules similaires, varie dans ses propriétés, suivant sa forme, suivant qu'il est ou non pénétré de calorique, suivant qu'il est ou lisse ou dépoli, et on nierait qu'un corps composé d'os, de muscles, de viscères parenchimateux, de liquides, de fluides, composés eux-mêmes d'une gélatine tremblante, d'une fibrine contractile, d'une albumine compressible, qui doivent elles-mêmes l'être de principes plus simples; on nierait, dis-je, qu'un corps si différent du premier ne puisse pas, sans être surchargé d'un produit de l'imagination, mettre par ses propriétés, entre lui et le métal qui nous sert de comparaison, une distance énorme.

M. Richerand indique la pathologie comme un des meilleurs moyens d'augmenter le domaine de nos connaissances en physiologie; je vais donc essayer aussi de puiser à cette source féconde. Ma jeunesse, mon incapacité me font une loi de ne rien négliger, pour étayer des vérités qu'un autre n'eût eu besoin que d'énoncer.

Il n'est pas étonnant qu'on ait depuis long-temps, en médecine, pris l'effet pour la cause, et attribué au dérangement des propriétés vitales les lésions de tissus, au lieu de reconnaître dans celles-ci les causes d'altérations des premières; en effet, les symptômes qui nous engagent à observer une partie, bien que consécutifs à l'altération, sont les premiers aperçus, et ce n'est que long-temps après que l'altération devient sensible. Nous coordonnons ces faits suivant l'ordre dans lequel ils nous sont parvenus, et l'effet est pris pour la cause ; les ouvrages de médecine les plus justement célèbres en offrent à chaque instant des preuves. Partout on trouve dans les auteurs qu'une cause de mouvement finit par modifier l'organe qui l'exécute, comme si ce n'était pas l'organe qui soit influencé d'abord, et que l'action n'en soit qu'une conséquence nécessaire. Que veut-on dire avec ces agens de mouvement ? Quand on fait abstraction du tissu qui exécute, est-ce que ce mouvement est un être pour qu'on le modifie ? Cette réflexion m'a été suggérée par M. Barbier, dans le 1er. vol. de son Hygiène, page 47 : il semble encore, pages 11, 14 et 15, vouloir faire entendre qu'un agent médicinal peut provoquer des changemens d'action, qui deviennent ensuite permanens, quand les tissus modifiés ont avec le temps revêtu un autre état que celui qu'ils avaient avant l'emploi de la substance médicamenteuse; il y a ici une contradiction évidente. Quoi ! le tissu longuement altéré acquerrait par sa texture nouvelle des propriétés, que dans le commencement de l'action des médicamens, il ne devait qu'à un changement de ces mêmes propriétés ; mais ce qui est dans un temps, doit être aussi dans l'autre; et, s'il y a eu changement d'action d'abord, c'est que d'abord aussi il y a eu changement d'état. Si cette action nouvelle n'était pas permanente, c'est que l'état auquel elle était due n'était que passager, et si à la fin, cette action est devenue habituelle, c'est que l'état dont elle dépendait est devenu constant. Pour nier que les altérations de fonctions ne soient pas toujours consécutives, connaissons-nous donc tous les principes matériels qui peuvent se combiner à nous ? Les virus contagieux, varioliques, herpétiques, syphylitiques, et autres, ne sont-ils pas entièrement ignorés, et ne développent-ils, en modifiant la manière d'être des tissus auxquels ils se combinent, les nouveaux modes d'action que nous appelons symptômes ? Que fait dans ces cas le principe vital ? Et sans le mercure, qui paraît neutraliser chimiquement le pus vénérien, que deviendrait l'homme avec son principe conservateur ? Est-il un exemple de syphylis guéri spontanément ? et ceux qui guérissent à l'aide de médicamens différens du mercure, n'en sont certainement pas moins guéris par une action chimique. Il n'est en effet qu'un très-petit nombre de médicamens qui ayent cette propriété, et s'ils agissaient, en réveillant le principe vital, tous les toniques indistinctement guériraient la maladie contagieuse. Quand la peau réfroidie enflamme comme sympathiquement le tissu des poumons, ce n'est pas comme on le dit, que la vie se retire de la périphérie au centre; c'est que les liquides sont refoulés vers ce point intérieur : leur excès les fait agir puissamment sur les canaux qu'ils parcourent, ils leur impriment une modification profonde, et c'est seulement alors que ces tissus revêtent la sensibilité, la contractilité, que comportent leur nouvel état. Pendant le rachitis, les os se courbent sous le poids des parties qu'il portent ; dit-on que ces organes ont perdu une propriété en vertu de laquelle ils résistaient à la dépression ? On se contente d'observer que le tissu altéré devenu spongieux et mou, n'a plus la solidité de sa texture primitive ; c'est à l'altération matérielle qu'on attribue la lésion de fonction. Pourquoi ne pas se conduire ainsi dans toutes les autres affections de nos organes ? En peut-on concevoir une, indépendante de la lésion des tissus ? On va m'opposer, sans doute, les affections nerveuses si fugaces, si mobiles, qu'il est difficile de croire qu'elles soient dues à une altération de tissus ; mais sommes-nous certains qu'il n'y ait pas de fluide nerveux ? Peut-être prouverai-je son existence, et alors ne pourra-t-on pas admettre qu'un tel être puisse occasionner, dans les tissus qu'il parcourt, les plus rapides variations ?

M. Dubois pense, et ce n'est pas une faible autorité, que le cancer est le summum des affections nerveuses ; une telle altération ne suppose-t-elle pas que, bien qu'inaperçues, d'autres lésions, ou la même, à un degré moins avancé, peut se développer dans les nerfs ?

Notre célèbre Nosographe dit : (Nosographie

Philosophique, pages 209 et 210), en parlant de la muqueuse bronchique : « Cette membrane perdant de » plus en plus ses forces vitales, par l'habitude d'une » excrétion plus abondante, sa structure finit par » être altérée. » Des forces vitales qui se perdent par une excrétion, et une altération qui en est la suite ; comme si ce n'était pas la cause de ces diminutions des fonctions. Il dit encore, pages 225 et 226 : « Une » femme, pour laquelle j'ai été consulté, avait pris » de l'arsénic dans l'intention de se donner la mort ; » secourue à temps, par l'usage abondant du lait, » des tisannes mussilagineuses, etc., elle n'a point » succombé ; mais son existence est encore des plus » pénibles et des plus douloureuses ! Les symptômes » qu'elle éprouve sont des anxiétés, un état fébrile, » irrégulier, la sécheresse de la peau, l'aridité de » la langue et du gosier, etc., etc. J'ai beaucoup » insisté sur l'usage des boissons sucrées, miellées et » du sucre même en substance, et ce traitement a » été suivi d'un soulagement très-marqué ; mais est- » il au pouvoir de la médecine de réparer des dé- » sordres produits sur le tissu et la structure d'un » viscère, par une substance vénéneuse ? »

M. Pinel convient donc que les symptômes obser- vés ne peuvent être guéris que parce qu'on ne peut point rétablir l'altération organique? elle est donc la source de ces symptômes? Ce ne sont pas les proprié- tés vitales qui sont perverties ; en vain on tenterait de les remonter à leur type naturel ; et vouloir agir sur ces êtres imaginaires, me semble aussi absurde que de vouloir qu'un œil perdu se rétablisse, sans lui rendre les humeurs et le cristallin qui lui manquent, en lui rendant seulement une faculté de voir, qu'on imaginerait, qu'on personnifierait, comme on a personnifié les forces digestives de l'estomac, parce qu'on ignore les causes physiques de son action. Pourtant, n'est-ce pas comme l'œil, un corps qui jouit des propriétés que comporte sa manière d'être ? et ces propriétés ne sauraient être en activité, dès que l'organe est sorti des conditions propres à les remplir.

Indépendamment de la plétore, qui prédispose aux inflammations, il y a toujours une cause locale de cette maladie : or, cette cause agit sur le tissu, ce n'est que consécutivement que les propriétés s'exaltent ; donc la matière ici préexistait à ses fonctions. Dans les lésions graves de la vie, c'est toujours la lésion d'un organe qui précède ; qu'on me cite un cas, en effet, où le poumon, le cœur, le cerveau ayent spontanément suspendu leur action, sans qu'on puisse en accuser une lésion palpable, qu'elle soit physique ou morale. Pourquoi donc la vie ne serait-elle pas dans les tissus ce qu'elle est dans les organes ? Est-ce la difficulté d'expliquer les phénomènes aperçus, qui a fait que les physiologistes ont tous admis ce contre-sens ? Mais il est aussi naturel de dire qu'un tissu qui change, fait changer les propriétés, que de dire, les propriétés changées ont fait changer le tissu.

Je déclame sans doute vainement : on est tellement imbu de cette hypothèse, que les propriétés préexistent à leur tissu, que récemment encore, on a dit que le cancer est le résultat de l'aberration des propriétés vitales. J'ose dire, moi, que cette aberration est le résultat du cancer ? Qu'est-ce, en effet, que cette maladie, sinon un état de nos organes différent de celui dans lequel la vie s'exerce avec intégrité, une nouvelle manière d'être, d'où résultent de nouvelles fonctions.

Pourquoi nos plus grands écrivains ont-ils imprimé le cachet de leur immortalité à ces erreurs, que rien ne saurait effacer ? C'est ainsi qu'en prouvant savamment que le sang noir est une matière impropre à apporter dans nos organes la composition nécessaire à l'exercice de leurs fonctions, Bichat, l'immortel Bichat, sort à l'instant de l'observation qui lui était si facile, pour dire que les propriétés vitales sont anéanties par le sang noir. En vérité, j'aimerais autant entendre Newton avancer que dans l'éclipse, la faculté qu'a la lumière de nous éclairer, est anéantie par la présence de la lune. Le sang noir asphyxie, parce qu'il ne porte pas avec lui l'élément de composition nécessaire à l'exercice des fonctions organiques. Dès que nos tissus en sont privés, ils doivent cesser de produire les actions que ne comportent plus leur état actuel : la preuve, c'est que ce n'est jamais qu'en leur rendant un corps bien matériel, qu'on leur restitue cette action : et, certes, dans l'oxigène qu'on leur a fourni avec le sang rouge, n'était pas caché le principe vital.

Cette théorie me rappelle que Bichat a proposé, pour réveiller l'action du cœur, dans certaines syncopes mortelles, d'y introduire un stylet par la veine jugulaire droite. Si par le même vaisseau on y dirigeait un jet du sang artériel de quelqu'animal, n'agirait-on pas d'une manière plus rationelle ? Car il ne s'agit pas ici de réveiller, comme on le dit, une propriété imaginaire ; mais bien de modifier un tissu, de le mettre, à l'aide d'un corps nouveau, dans les conditions prescrites par la nature, pour que la contraction ait lieu. Laisserai-je aussi échapper ces observations sur le sang noir, sans faire les observations suivantes sur le hocquet ? C'est, ont dit les physiologistes, un état spasmodique du diaphragme, état dans lequel ces contractions réitérées sont devenues indépendantes de la volonté. Sujet à cette affection, j'ai été à même de me convaincre qu'il suffisait souvent, pour la faire cesser, de s'abstenir de respirer pendant quelque temps. J'avais d'abord attribué une action stupéfiante à l'eau fraîche que les bonnes femmes conseillent de boire en cette occasion ; mais, considérant que le remède n'avait d'action qu'autant que l'on l'on buvait sans reprendre haleine, j'en conclus que son efficacité ne tenait qu'à la privation d'air qu'on éprouvait en s'y soumettant ; or, le sang dont le cours n'est pas interrompu, privé de l'oxigène qui lui est nécessaire, coule noir dans l'artère aorte, et le diaphragme est un des premiers organes qui doit en en recevoir, vu la proximité de ses artères. Il doit donc des premiers aussi éprouver l'action du sang veineux qui diminue l'énergie de la contractilité des muscles en changeant leur composition : dès-lors le hocquet cesse avant que l'économie toute entière participe à la stupeur qu'éprouve momentanément le diaphragme que la respiration rétablie rend bientôt à son état naturel. Si je dois me flatter que cette explication soit vraie, ne pourrait-on pas étendre à bien des affections spasmodiques des muscles, l'interruption volontaire et plus ou moins prolongée de la respiration ?

Mais, revenons aux grands hommes dont ma débile main ose signaler les erreurs, et puisse mon impéritie me servir d'excuse à leurs yeux ! Dans la classification des maladies en lésions physiques, lésions organiques et lésions vitales, il est digne de remarque qu'en définitif, il n'y a que des lésions organiques ; un exemple va suffire pour le prouver. La paralysie de la vessie, une des plus manifestes de ces prétendues lésions de propriétés vitales, sera celui que nous choisirons ; en voici les causes : 1°. *Excès dans les plaisirs de l'amour :* on conçoit facilement que, soit débilité, soit au contraire afflux d'humeur, la texture d'un organe aussi voisin de ceux excités, doit partager leur lésion de texture, et, de là, le défaut de contractilité ; je n'expliquerai pas quel changement a eu lieu, je ne peux que dire que la vessie cesse d'être dans les conditions propres à en faire un organe contractile, et je n'expliquerai pas autrement toutes les paralysies qui succéderont à une lésion de tissu ; il me suffira que celle-ci existe, et qu'elle précède toujours l'altération de la fonction. 2°. *La vieillesse :* certes, l'altération de tissu est manifeste encore, j'en appelle à toutes les autopsies cadavériques des vieillards ; il serait trop long d'énumérer ici les sources très-matérielles de ces altérations. 3°. *L'usage des cantharides :* mais je n'en parle pas, c'est trop évidemment sur le tissu qu'elles agissent ; sa rougeur, après la mort, en est une preuve manifeste. 4°. *La distension outre mesure de la vessie :* il est singulier que l'on voye là une altération de propriété vitale, il me semble que cette cause est une des plus fortes preuves de mon systême. 5°. *L'abus des diurétiques :* de deux choses l'une, ou ils agissent en augmentant trop la quantité d'urine, et cela rentre dans le cas de la distension, ou ils provoquent trop fréquemment les contractions du viscère ; or, comment une propriété, pour s'exercer trop souvent, s'épuise-t-elle ? Le cœur se fatigue-t-il de battre quelquefois un siècle entier ? cependant c'est la même propriété ; mais, dira-t-on, ce n'est pas le même organe : voilà tout ce que je demandais ; si de l'organe dépend la propriété, je conclus que la vessie, trop activée, n'a suspendu son action que parce que son tissu est altéré par l'usage. Nous voici arrivés au dernier retranchement des propriétés vitales, je veux parler de la suspension de la contractilité de la vessie par une lésion du rachis ou de l'encéphale, voire même par une affection morale, lorsque, par exemple, un sentiment involontaire de pudeur retient d'uriner, bien qu'on fasse ses efforts pour y parvenir. Pour admettre qu'ici c'est la contractilité qui fait faute, il faut admettre que la pulpe nerveuse est chargée de la transmettre, puisque nous voyons que l'interruption physique ou morale des fonctions de l'encéphale tient la vessie inactive ; or, personne, je crois, n'a eu l'idée de matérialiser la contractilité, car une fonction n'est pas un corps. Que manque-t-il donc à la vessie pour remplir cette fonction ? D'être en état de le faire. Quel est cet état, sans lequel la contractilité ne saurait s'exercer ? Nous l'ignorons.

Cependant il devient évident pour nous que le cerveau a une action quelconque. Pour placer la vessie dans cette circonstance, il n'est pas probable que c'est en lui imprimant un mouvement ; la mollesse de la pulpe nerveuse, la flexibilité, la ténuité des nerfs qu'elle lui envoie, s'opposent à cette théorie ; la plus probable est celle de l'existence d'un fluide nerveux. Cette supposition admise, considérons que si un physiologiste avait lié les vaisseaux d'une vessie, il ne dirait pas qu'il a éteint la contractilité; il dirait qu'il a ôté à l'organe un des principes de son état contractile. Eh bien! n'en est-il pas de même pour le fluide nerveux, et n'est-ce pas pour la vessie une véritable altération de tissu d'être privée de ce principe? C'est donc encore une véritable lésion organique qui cause la rétention d'urine.

Pourquoi la science a-t-elle fait de si rapides progrès depuis la réunion de la chirurgie à la médecine? C'est que la première a appris à l'autre à voir la lésion de tissu précéder celle de la fonction. Nous ne faisons pas un contre-sens physiologique quand une solution de continuité altère nos parties; nous n'attribuons pas aux lésions des propriétés qui surviennent consécutivement. L'altération observée, dira-t-on que cette partie divisée ne reste pas ce que l'instrument tranchant l'a faite? Ses bords se tuméfient, ses capillaires se resserrent, ils secrètent du pus; et ici tous ces phénomènes sont certainement consécutifs au développement des propriétés vitales; car, si elles ne s'étaient pas développées, il n'y aurait pas de raisons pour que la plaie eût cessé d'être ouverte et sanguinolente. Je pense, au contraire, que tous ces phénomènes étaient encore consécutifs à de nombreux changemens survenus dans le tissu. Une partie divisée n'est pas hors des conditions de la vie, elle a donc une manière d'être propre et différente de celle qu'elle avait avant : cette nouvelle manière d'être est la source évidente des propriétés qu'elle développe. Ainsi, la rougeur, la tuméfaction, etc., appartiennent à la vie d'une partie divisée, comme la couleur rose et la souplesse appartiennent à une partie saine ; d'autre part, l'air qui la frappe est encore un agent d'altération, et par conséquent de changement de propriétés. En raison de cette nouvelle manière d'être, le sang qui abordait à la partie saine lui est devenu étranger ; c'est une nouvelle cause d'altération ; une nouvelle action se développe, et les capillaires se crispent ; la sérosité qui couvre leur orifice les dérobe au contact de l'air, l'absence de ce corps y laisse un nouvel état, leurs bouches s'entr'ouvent de nouveau pour laisser exsuder du pus ; donc, la secrétion est l'ouvrage des nouvelles fonctions du tissu nouveau. Cette déperdition d'humeur amène un changement dans le point altéré ; en vain on m'opposerait que le pus ne provient pas de la partie malade, mais bien de la masse du sang. De quelque part qu'il vienne, la secrétion que l'organe a opérée en le transformant en pus, ne l'a pas moins mis en contact avec un liquide nouveau, dont l'impression aura produit le changement de texture dont il s'agit ; le trouble apporté dans la vie générale par l'action de la partie lésée, a baissé ou a élevé la vie d'ensemble à un degré plus voisin du type actuel de la vie de l'organe altéré, il lui envoie un sang qui lui est moins étranger ; une nouvelle secrétion, attestée par la couleur et l'odeur différentes du pus, décèle de nouvelles fonctions, et par conséquent le développement d'un nouvel arrangement de textures dans l'organe. Ainsi, de modification en modification, le tissu varie dans sa manière d'être, et consécutivement dans ses propriétés, qui reviennent peu à peu au type habituel.

Il est des cas où les médicamens agissent par l'entremise des propriétés vitales ; c'est quand ils atteignent un tissu qui a prise sur d'autres tissus qu'on veut attaquer : ainsi, dans le scrophule, quand on provoque un mouvement fébrile, c'est le cœur qu'on change d'abord, et qui, en raison du nouvel état dans lequel il se trouve, réagit sur les capillaires, auxquels il envoie plus rudement un sang plus excitant, qui modifie leur texture, et par conséquent leurs fonctions. On agit encore par l'entremise des propriétés vitales, en relevant le moral de l'individu ; mais ici on ne fait encore que changer l'état matériel du cerveau, qui, dans les nouvelles fonctions qu'il doit à sa nouvelle manière d'être, acquiert celle d'agir, et cela matériellement, sur le cœur et sur tous les autres organes ; alors ceux-ci redoublent d'action, parce qu'ils sont rentrés dans les conditions d'une vie plus énergique. Le poumon a mieux oxigéné le sang ; ce liquide convenait mieux au cœur, et c'était pour lui

une nouvelle cause de changement d'état, et consécutivement de propriétés. On peut donc dire aussi
que les médicamens agissent par l'intermède des propriétés vitales, quand ils sont l'occasion d'une altération dans des tissus dont les fonctions consécutives
auront pour résultat la solution de la maladie. Ainsi,
dans une plaie simple, les nouvelles fonctions de l'organe altéré, la tuméfaction, la rougeur, ne sont pas
propres à hâter la cicatrisation ; mais les fonctions
qu'en cet état l'organe exerce, sont de préparer des
liquides nouveaux, qui modifieront bientôt ce tissu
même qui les aura élaborés ; de son nouvel état naî-
tront d'autres propriétés, qui seront la source de
nouvelles secrétions ; celles-ci, enfin, donneront lieu
à des changemens nouveaux, jusqu'à ce qu'enfin,
dans cette alternative, l'influence réciproque de causes et d'effets, l'organe, ait recouvré son type naturel.
On voit donc que les propriétés, les fonctions, ne
sont encore ici développées que consécutivement à la
modification imprimée aux tissus, et que si, à leur
tour, elles agissent sur les tissus, ce n'est qu'en pré-
parant des humeurs, des liquides divers, dont le
contact ou la combinaison agit matériellement sur nos
organes.

D'où vient que tant d'erreurs se sont éternisées en
passant même entre les plus savantes mains ? Je me
représente en vain que, riches des travaux de nos prédécesseurs, nous n'avons plus, pour ainsi dire, qu'à

tirer des conclusions faciles. Je m'étonne de ne les trouver encore dans aucun livre. Il est vrai que Bichat a succombé ; mais ne vous reste-t-il pas ses émules, ses maîtres dans l'art d'interroger la nature ? Et d'où vient le silence des *Hallé*, des *Duménil*, etc. etc. ? Sans doute ils ne veulent pas perdre, à rédiger leurs sublimes idées, un temps qui serait un vol fait à la postérité ; et moi, chétif étudiant, qui n'ai puisé que dans leurs savantes leçons le système que j'établis, je ne crains pas de l'entacher de mon incapacité ; que cette mort qui va me frapper, me serve d'excuse ; qu'ils sachent, ces hommes immortels, que devant vivre plus long-temps, je me serais contenté de suivre de loin leurs traces révérées ; mais je meurs : et si je me tais, ils m'ignoreront tout entier, quand je suis si plein d'eux, de leurs préceptes, de tout ce qui est ou sciences ou savans.

Ceux qui croient aux propriétés vitales n'ont point entendu les hommes illustres que je viens de nommer, dans leur savante analyse du concours des lois physiques, sur la production des phénomènes de la vie ; ils n'ont point non plus entendu les sublimes dissertations du professeur *Hallé*, sur les vies partielles et d'ensemble, ceux qui admettent des sympathies.

Ce sont de tels préceptes qui vont me servir à combattre encore cette chimère des propriétés vitales. Je devais faire cet aveu avant de commencer un paragraphe, où le copiste se trouvera souvent à côté de l'auteur; tel est le véritable motif de ma conduite, et quelqu'un qui me supposerait l'orgueil d'avoir voulu marcher un instant sur la même ligne que les plus grands médecins de notre siècle, serait bien injuste.

Je devrais considérer ici l'homme, comme le physicien considère un cristal, c'est-à-dire, comme un corps qui a en lui les matériaux des caractères qu'il présente; mais n'en ferais-je qu'une analyse succincte, un tableau si vaste épuiserait tous mes pinceaux avant qu'il soit esquissé! Il faudrait, en effet, analyser la forme du corps et l'influence qu'elle a sur ses fonctions, les systêmes qui le composent, leur texture, leur élasticité, leur souplesse, les rapports qu'ils conservent entr'eux, les appuis réciproques qu'ils se prêtent, leur composition intime, l'arrangement, les proportions, la situation respective de leurs principes, leur intrication pour former des organes composés de ces systêmes divers, et qui partagent leurs propriétés, comme ils partagent leur nature. Que ne faudrait-il pas dire? Mais supposant tant de faits connus, je me contenterai de renvoyer à *Morgagnis*, à *Cabanis*, à *Bichat*, et surtout aux précieuses leçons de MM. *Hallé*, *Duméril* et *Chaussier*, n'indiquant seulement que quelques faits épars que je crois avoir échappé à ceux qui ont écrit en physiologie.

Qu'on se rappelle seulement, ici, que je considère l'homme comme un corps infiniment composé, qui

doit à la multiplicité de ses élémens, la multitude de
ses fonctions.

Qu'on imagine une force sans règle, sans lois,
mobile, fugace, instinctive ou intentionnelle, c'est
le meilleur moyen de tout expliquer, et on doit le
pardonner aux hommes, dont les sens ne paraissent
pas destinés à percer certains mystères de la nature;
mais laisser à cet enfant de l'imagination, un empire
tel, que non-seulement on ne cherche pas dans des
lois déjà connues, l'explication de quelques phénomènes très-simples; mais, encore, qu'on nie l'influence de ces lois lorsqu'elles se décèlent comme
malgré nous; voilà ce qu'il est difficile de concevoir.
Cette manie est telle qu'on n'ose plus maintenant rien
expliquer, quoiqu'on en ait des causes suffisantes,
sans y faire entrer le mot *force vitale*. J'ai entendu
M. *Hallé*, lui-même, développer savamment les
causes de l'élasticité des tissus vivans, et ajouter encore qu'ils devaient à la vie un degré d'énergie plus
grand que tout ce qu'ils tenaient des propriétés de
la matière qui les constituait; enfin on alla jusqu'à
dire que les corps vivans gravitaient à leur manière,
et j'ai lu dans l'Encyclopédie, qu'une femme hystéri-
que surnageait dans une baignoire, sans qu'on n'en
puisse accuser que l'influence nerveuse : voilà ce que,
me semble, n'auraient pas dû faire les gens du premier mérite, et ce que pourtant fait encore Bichat.
Il est si pénétré de ce principe vital, qu'il va jusqu'à

nier que la courbure du canal carotidien ne brise pas
la colonne de sang qui se porte au cerveau ; mais ne
fût-ce qu'après une syncope, quand le cœur rentre
en action ; cette courbure ne modifie-t-elle pas puissamment le premier jet du liquide ; mais plongée dans
le synus caverneux, l'artère carotide trop distendue
par l'énorme quantité de sang que lui envoie le cœur
dans quelques cas de palpitations ou de fièvres, ne
trouve-t-elle pas dans le sang veineux dont elle vient
d'augmenter la masse, un obstacle insurmontable à
sa dilatation ultérieure? et n'est-ce pas là la plus
savante combinaison physique qui concourt à un
des phénomènes de la vie ? Il en est si imbu, dis-je,
qu'il semble croire que nos liquides ne pèsent pas
parce qu'ils sont sous l'empire de la vie. Qu'il ait dit
que cette gravité est balancée, anéantie, par les
contractions du cœur, rien de mieux ; mais, pour
être vaincue, elle n'en existe pas moins; elle existe,
elle est donc utile, elle est un élément, une condition de l'intégrité de la circulation ; sans elle il n'y
aurait point de circulation. Peut-être que si, avant
d'admettre, de créer le principe vital, on avait seulement énuméré les forces physiques et chimiques qui
aident à la vie, à la vue de tant de moyens on aurait été réservé sur la création d'une force devenue
moins nécessaire ; maintenant que cette force imaginaire est dans tous les cerveaux, dans tous les livres,
toutes les explications, il sera plus difficile de la ren-

verser, qu'il ne l'aurait été de s'en passer, et d'attendre, pour expliquer les fonctions de la nature vivante, qu'on fût plus éclairé sur les lois qui régissent la matière. Si je n'étais pas tout à fait dépourvu de cet esprit d'observation qui sait d'un coup-d'œil embrasser les plus grands espaces, j'oserais au moins élever quelques doutes dans les esprits, faire l'énumération des forces chimiques et physiques qu'on ne saurait nier avoir sur les animaux une action notable; je ferais observer qu'on ne devrait pas m'opposer que beaucoup d'entre elles agissent aussi sur les corps inertes, qui ne s'en animent pas davantage; leur solidité opposée à notre mollesse, leur fixité opposée à notre locomobilité, le petit nombre de leurs principes opposés à la foule de ceux qui nous constituent, leur différence matérielle, enfin, sont les causes qui les soustrayent à la plupart des influences extérieures qui entrent comme élémens de notre existence; je mettrais au nombre de ces élémens, la pression de l'air, les vibrations qu'occasionnent les vents, celles du son qui nous environne de toutes parts, celles de la lumière dont les torrens nous inondent, et indépendamment de sa puissance chimique; car les êtres étiolés ne sont pas seulement pâles, ils sont aussi très-faibles; le mouvement que nous imprime le sol que nous frappons, le glissement de nos muscles les uns sur les autres, le refoulement du sang qu'ils déterminent en se contrac-

tant , les frottemens de ce liquide contre les parois
vasculaires , l'empire des capillaires, l'incompressibilité des liquides qui permettent aux tuniques
contractiles d'agir sur eux à la manière des pistons ;
la dilatabilité des gaz qui détendent les vaisseaux
que l'air extérieur contient, et le resserrement mécanique qui doit en résulter pour les tuniques vasculaires , les commotions imprimées aux viscères
par l'abord du sang artériel , la détention alternative
qui cause le redressement des vaisseaux flexueux,
l'effet mécanique du mouvement dans la mastication,
la respiration , la locomotion , celui des vermicu-
laires des muscles organiques des intestins , de la
vessie, les frottemens des séreuses les unes contre les
autres, l'expulsion mécanique des matières fécales,
et enfin tous les mouvemens , le transport d'un point
à un autre de l'espace, le frottement des synnoviales,
des tendons , des poulies de renvoi, des aponévroses
qui les fixent, le poids des membres, la disposition des
leviers, etc., etc. ; telle est la cent millième partie
de la foule d'agens auxquels nous sommes seuls
soumis , parce que nous sommes seuls disposés pour
en éprouver l'influence.

Ces faits consécutifs à la vie supposent, je le sais,
que déjà l'appareil de tant d'opérations est formé, et
c'est à la vie qu'on va vouloir attribuer son développement ; mais nous avons vu que cette vie commence
par un végétal presque cristallin, qu'elle n'était due

qu'à l'assemblage heureux de certains matériaux, et que parmi les fonctions nouvelles que développait alors la matière, était surtout celle de s'assimiler des élémens nouveaux, et par conséquent, accroissant ses propriétés avec ses matériaux, de s'élever d'être en être jusqu'à l'organisme le plus parfait.

Je sais que cela suppose encore des agens de mouvemens sensibles et contractiles; mais je prouverai peut-être plus loin que la sensibilité et la contractilité, source de ces effets que nous venons de voir être des agens de notre existence, peuvent encore être mises au rang des propriétés de la matière. Cependant je ne dois pas faire entrer ici ces considérations, qui n'ont plus la certitude des faits dont je donne l'analyse. Ne devant être regardées que comme des vérités probables, je dois les séparer du reste et les placer au rang des hypothèses; eussé-je échoué dans leur analyse, il m'aura suffi d'indiquer que la sensibilité et la contractilité sont, sinon ce que j'aurai cru, au moins des propriétés inhérentes à la matière, et non pas, comme on le dit, des êtres abstraits qui s'en emparent. Mais revenons à la disposition physique des corps vivans : nous venons déjà de voir que la vie n'excluait pas les agens physiques; fournissons-en de nouvelles preuves. On convient de toutes parts que la nature semble s'être élevée dans l'échelle des êtres du plus simple au plus composé; c'est la même matière qui, jadis inerte, jouissait pourtant de propriétés physiques, et si les propriétés vitales ne sont pas venues les en chasser, supposition qui, pour le dire en passant, serait absurde, car la matière n'est pour nos sens qu'autant qu'elle conserve ses propriétés, elle cesse d'exister pour nous ; elle n'est plus matière dès qu'elle en est privée : si, dis-je, les propriétés vitales n'en ont pas chassé les propriétés physiques, celles-ci régissent donc encore la matière même animée ; si elles la régissent, elles entrent donc au nombre des causes productives de la vie ; si elles en sont les causes, elles lui sont donc indispensables ; et dès-lors pourquoi la nature aurait-elle eu recours à d'autres forces que tout contredit. Faut-il prouver par des citations que les corps vivans ont des propriétés physiques ? Personne aujourd'hui n'en doute ; on connaît la disposition des leviers, on sait qu'ils revêtent une forme voulue par une sorte d'affinité élective, dont les sels nous offrent l'ébauche. Nos corps gravitent ; il se produit en nous une chaleur expansive et rayonnante. Certains animaux sont lumineux ; d'autres produisent du fluide électrique : mais à quoi bon ressasser ce que mille autres ont tant de fois cité ; n'est-il pas maints rapports physiques de nos organes qui ont échappé à nos prédécesseurs, ou plutôt que ces derniers semblent avoir évités, comme s'ils eussent craint de voir ces observations porter atteinte à leur principe vital ?

N'est-il pas digne de remarque, par exemple, que

les veines mésentériques forment des arcades placées au-devant de celles formées par les artères du même nom ; de sorte que la locomotion qu'éprouvent ces derniers est bien plus efficace pour imprimer un mouvement au sang veineux que si les veines étaient placées derrière l'arcade artérielle : les branches qui partent de ces dernières s'écartent alternativement pour passer dessus et dessous l'arcade veineuse, ce qui favorise bien davantage encore le cours du sang des veines abdominales. En parlant des obstacles qu'il rencontre, Bichat n'avait pas fait attention que les replis des intestins devaient être redressés par le redressement des tubes artériels, et que par conséquent cet obstacle était nul. En faisant des observations précédentes, j'avais remarqué avec étonnement que l'artère reinale fût placée derrière la veine du même nom. Mais, disais-je alors, la compression serait plus efficace si cette artère, placée devant la veine, serrait à chaque pulsation contre la paroi postérieure de l'abdomen ; mais je m'aperçus que cette disposition était due à ce qu'il fallait que l'artère activât aussi l'écoulement de l'urine, et qu'elle fût placée pour cela entre la veine et l'uretère : celui-ci est placé derrière parce qu'il a besoin d'une compression plus énergique, n'ayant, pour favoriser l'écoulement du liquide qu'il contient, que la contractilité insensible des canaux secréteurs, tandis qu'à une force semblable, développée dans les radicales des veines,

se

se joignent les impulsions communiquées par les muscles abdominaux et les mouvemens peristaltiques des
intestins. Dira-t-on que, parce qu'il y a vie, ces dispositions sont de nul effet ? Mais Bichat avoue que la
locomotion des artères augmente lorsqu'elles sont re-
pliées sur elle-même, soit par la flexion des membres,
soit par le vacuité des organes creux. Cette locomotion suppose une force vaincue ; si le jet du sang surmonte cette force, il doit perdre de sa vélocité en raison de l'obstacle ; il faut donc l'avouer, si les flexuo-
sités des artères peuvent d'une part ralentir le sang,
et de l'autre accélérer le cours de celui qui n'est point
assez rapide, rien n'est plus savamment combiné que
la disposition physique de nos organes dans la production de nos fonctions.

Si, dans le trajet des vaisseaux, la disposition physique a cette puissante influence, pourquoi n'en serait-il pas de même pour les extrémités de ces tubes ?
L'observation suivante en est, je crois, une preuve :
les secrétions qu'on croit généralement confiées d'une
manière exclusive aux propriétés de la vie, auraient-
elles toujours lieu, dans les cas de secrétion passive,
si l'élaboration des humeurs ne tenait pas un peu de
l'hydraulique ? En effet, nous voyons les conduits
chargés de les transmettre, les excréter moins qu'ils
ne les laissent tomber ; loin de diminuer alors, la
quantité de la secrétion augmente ; la pâleur, la
minceur de l'organe altéré, indiquent évidemment

qu'il n'est plus tissu pour remplir ses fonctions avec intégrité : on dit alors que la tonicité manque ; mais la grande circulation continue, et puisque l'élaboration ne cesse pas, il est donc beaucoup de mécanique dans le fait de cette fonction.

Aucun auteur n'a encore remarqué combien la disposition des os de la tête du fœtus est analogue à la flexion de ses membres, pour qu'il tienne moins de place dans l'utérus ; c'est ainsi, par exemple, que les apophyses ptérigoïdes, les branches de la mâchoire inférieure, les trompes d'Eustache, les os propres du nez, l'axe perpendiculaire de l'orifice externe du conduit auditif, sont situés obliquement d'arrière en avant, ou de dehors en dedans, bien que destinés à devenir verticaux dans un âge plus avancé.

Bichat avait observé que la plupart de ces dispositions s'accordaient avec l'usage chez l'enfant nouveau né ; mais c'est encore une preuve de la fécondité de la nature, qu'elle s'accorde avec l'état qui précède la naissance. Le même auteur semblait ignorer pourquoi les artères ombilicales cessaient de donner du sang immédiatement après que l'enfant avait vu le jour ; il imagina que la sensibilité de ces vaisseaux refusait d'admettre un sang récemment oxigéné ; je ne ferai pas observer qu'ils ne paraissent en rien différens des autres vaisseaux, et que, par conséquent, leur sensibilité doit les mettre comme eux en rapport avec ce nouveau sang. Il en faut moins accuser le génie de

Bichat que sa répugnance pour tout ce qui est mécanique ; eût-il méconnu, sans cela, que c'est mécaniquement qu'agissent les causes de ces changemens ?
C'est mécaniquement que la poitrine se dilate, et que
le sang y trouve plus d'accès ; c'est mécaniquement
que le trou botal est fermé : pourquoi donc ne serait-
ce pas parce que le tronc long-temps fléchi du fœtus
se redresse à sa naissance, que les parois abdominales
viennent mécaniquement comprimer la vessie qui se
vide ? Pourquoi, dis-je, ne serait-ce pas qu'alors, re-
pliée derrière le pubis, elle oblige avec elle les artères
ombilicales à se replier aussi et s'opposer désormais
au libre cours du sang ? Est-il superflu de joindre aux
observations précédentes celles si connues de la disposition tout-à-fait physique de l'œil et de l'oreille ?
C'est un point de rapprochement entre nous et les
corps inertes ; en effet, à quoi eussent servi ces dispositions ? Si la vie eût été une propriété toute particulière et différente de la matière, n'eût-il pas suffi,
dans ce cas, que la vie eût la faculté de percevoir la
lumière et le son ? et à quoi bon les instrumens d'optique et d'acoustique qui nous les transmettent ?

Nulle part, dans l'économie, cette influence des
lois physiques sur l'organisation ne se dément ; il arrive et j'ai vu moi-même des transpositions des viscères intérieurs ; le foie à gauche, le cœur à droite, etc.
On n'explique pas ce phénomène, seulement il est
constant qu'il a lieu. N'est-il pas digne de remarque

4 *

qu'une inversion analogue ne s'est jamais vue dans un autre sens, c'est-à-dire de haut en bas? C'est que la pesanteur s'y oppose. Ainsi jamais le rein plus pesant que les capsules, ne s'est trouvé au-dessus d'elles. Le foie, plus lourd par sa face plate, adhère toujours au diaphragme par le sommet du cône qu'il représente, etc., etc. D'autre part, quoique la nature ait, pour produire les secrétions, mille forces diverses qu'on a réunies sous le nom de tonicité; elle n'a pas dédaigné d'appeler la gravité comme auxiliaire ; elle a dirigé de haut en bas tous les conduits excréteurs, si ce n'est le hyatus phaloppii, qui, par parenthèse, est le deuxième exemple de communication entre les muqueuses et les séreuses dans l'économie ; mais cette direction du conduit est encore d'accord avec son usage. Il ne fallait pas en effet que le liquide contenu dans le labyrinthe trouvât une issue trop facile ; il n'eût pas communiqué aux nerfs auditifs les vibrations sonores dans toute leur intégrité ; incompressible comme les liquides, ce produit d'une secrétion muquoso-séreuse n'eût pas rempli non plus cette fonction, s'il eût été irrévocablement renfermé dans l'espace qui le contient.

Au contraire, sont dirigés de bas en haut tous les organes de fonctions qui ne sont pas journalières et indispensables à l'existence de l'individu ; telles sont les viscères destinés à l'entretien de l'espèce : le vagin est dirigé de bas en haut, et la pesanteur du sperme est

plutôt ici une force opposée que favorable à la mul-
tiplication ; la verge , si favorablement disposée pour
l'évacuation nécessaire de l'urine , se trouve dans une
direction contraire quand elle va remplir une fonction
moins indispensable. Je mettrai en opposition aussi
deux conduits que leur proximité rend encore plus
propres à faire saillir ces moyens employés par la nature , je veux parler de l'œsophage et du larynx ; le
premier, destiné à recevoir les alimens , est aidé dans
son action par leur pesanteur ; le second , au contraire , transportant l'air du bas en haut, suppose des
forces suffisantes pour, d'une part, remplacer l'auxiliaire qui lui manque, de l'autre , surmonter la pesanteur du corps qu'il meut, qui , dans ce cas, au lieu
d'aide , devient obstacle. La nature ne pouvait employer trop de ressources pour assurer l'alimentation ;
elle pouvait négliger , peut-être même apporter certains empêchemens à la loquacité ; de là les causes
des dispositions qu'elle a voulues. Mais vainement tant
de faits physiques sont présentés aux yeux de nos physiologistes, et telle est l'influence d'une erreur sur les
faits qui en découlent, que Bichat aima mieux accorder une grande sensibilité à l'émail inorganique et
dur qui recouvre les dents, que d'avouer que cette
faculté était due à la disposition de ces petits os. La
pulpe que renferme la cavité des dents est d'une sensibilité assez exaltée pour que le moindre choc qu'é-
prouve la dent soit ressenti par elle : en effet, la dent,

immobile dans la mâchoire d'une compacité excessive, a toutes les qualités requises pour que la communication du mouvement se fasse de l'intérieur à l'extérieur, sans éprouver aucune perte appréciable, et comme la nature n'a rien fait pour rien, cela explique pourquoi la portion pulpeuse des dents est si sensible et cause des douleurs si atroces, quand elle est exposée au contact de l'air ; ensuite on voit que cette sensibilité était nécessaire pour que les dents, dans la mastication, fussent averties quand il y a ou non des alimens dans l'intervalle des mâchoires, et que celles-ci ne se rapprochassent pas souvent inutilement ; il fallait aussi que les dents fussent instruites de la densité des corps à broyer, pour proportionner la contraction des muscles masticateurs à la nature de ces substances.

On ne doit pas m'opposer, en faveur de la sensibilité de l'émail des dents, que celles-ci ressentent l'impression des liquides chauds, froids, alcalins, acides, etc. En effet, un liquide froid soustrait facilement le calorique de la dent, qui, moins vivante qu'un autre tissu animal, s'en laisse priver plus facilement ; et dès-lors la pulpe intérieure ressent l'impression du froid que lui fait véritablement éprouver l'os qui l'environne. La sensation de la chaleur doit se communiquer par la même raison ; cependant elle est moins fréquente, parce qu'il nous arrive rarement d'introduire dans notre bouche des alimens dont la

température soit beaucoup plus élevée que là nôtre.
Enfin, les acides, les fruits, etc., causent une sensation qui dépend de l'action chimique de ces substances
sur les dents ; il est probable qu'ils obligent la substance osseuse à se crisper un peu, et alors la pulpe,
comprimée par le resserrement de la cavité qui la
contient, doit faire éprouver une sensation particulière et différente de celle de la commotion ou de la
température ; c'est cet état que nous rendons par le
mot agacement des dents. Je sais bien qu'il est difficile de prouver que les acides font crisper un organe
si compact ; mais tous les tissus animaux, même les
os, éprouvent cette altération sous l'influence de semblables réactifs. Enfin, il suffit du plus léger degré de
rétraction pour que la pulpe s'en ressente, puisqu'elle
est partout contiguë aux parois de la cavité qui la
renferme.

Le mode de développement des dents n'est pas moins
approprié à leur usage. Il était nécessaire qu'il se
fît en dedans pour que la cavité de la dent se retrécît
avec l'âge ; car la pulpe nerveuse de ces petits os
devant, comme toutes les parties molles, et surtout
les nerfs, subir une espèce de racornissement, il était
nécessaire que les parois osseuses se resserrassent à
proportion pour que la pulpe ne devînt pas flottante
dans cette cavité.

Mais à quoi bon fatiguer l'attention par des faits, qui,
si on voulait les citer tous, seraient aussi nombreux

qu'il est d'organes dans l'économie. Tout le monde convient de l'importance de la situation et des rapports de ces organes. Je défie au plus profond penseur de méditer la tête en bas, au mieux portant de digérer dans cette situation. Pourquoi donc l'observation des règles auxquelles nous a soumis la nature serait-elle si indispensable, si elles n'entraient pas comme élément essentiel de la producion des fonctions vitales ? Si un fait grossier et palpable comme celui qui précède, a une influence notable sur la vie, pourquoi la capillarité de nos vaisseaux, leur mollesse, leur extensibilité, l'incompressibilité de nos liquides, les phénomènes chimiques de l'assimilation et de la décomposition, les phénomènes mécaniques de notre locomotion, non moins manifeste, ne concourraient-ils pas aussi bien à la production de la vie ? et s'ils y concourent, pourquoi admettre, créer en sus des propriétés vitales pour l'expliquer. Avons-nous tout analysé, connaissons-nous tous les principes qui nous composent, leurs rapports intimes, leur valeur, leur enchaînement, dans la production de maints phénomènes, pour nier hardiment qu'ils soient insuffisans au complément de ce bel ensemble de fonctions qu'on appelle la vie.

La nature semble n'avoir rien fait d'inutile ; l'attraction anime et maintient notre système planétaire ; elle circonscrit chaque planète, elle isole chaque objet qui les couvre ; l'élasticité des gaz, la volatilité de l'eau, la faculté électrique des corps, tout sert, tout concourt à maintenir un éternel équilibre dans l'univers ; les forces capillaires seules semblent être un chaînon isolé de ce grand ensemble : à quoi serviraient-elles donc si elles n'étaient pas pour beaucoup dans la production de mille phénomènes vitaux ? Les êtres organisés ne sont-ils pas spécialement pourvus dè ces agens déliés, de transport de liquides ? Cette raison de les supposer utiles par cela seul qu'ils sont créés, n'est rien pour bien des gens : c'est tout pour le philosophe qui a observé que rien ici bas n'était sans but ; une nouvelle preuve à mes yeux, de l'influence des forces capillaires sur les corps vivans ; c'est qu'un tube capillaire, pour agir, doit être mouillé par le liquide qu'il attire, et que telle est la nature de nos capillaires, qu'ils sont par leur état presque muqueux, toujours en rapport avec des liquides ; enfin, un dernier fait qui prouve leur emploi dans la production de la vie, c'est que tous ces phénomènes de la physique, qui, comme l'électricité, demandent presque le contact des corps, sont précisément ceux que la nature semble avoir le plus employés dans la composition des nôtres, dont en effet l'harmonie des fonctions dépend de la proximité de leurs parties.

Quand nous voyons le piston d'une seringue pousser un liquide incompressible, nous ne disons pas qu'il y a vie ; nous ne le disons pas non plus

quand ce fluide est attiré par des capillaires inertes ;
nous ne le disons pas quand ce même fluide absorbe
l'oxigène et change d'état ; nous ne le disons pas
quand la molécule qui en sent une autre se tourne
pour lui présenter une face convenable ; nous ne le
disons pas quand un tissu élastique résiste d'autant
plus à nos tractions qu'il est plus près de se rompre ;
eh bien ! pourquoi donc le disons-nous des mêmes phénomènes, seulement parce qu'au lieu d'être isolés, ils
s'enchaînent et s'entr'aident mutuellement ? Est-ce
cet enchaînement que vous appelez vie ? à la bonne
heure, et n'en faites donc pas un être imaginaire
qui gouverne la matière, s'en empare, la quitte pour
la reprendre ensuite ; n'y voyons que le concours
de toutes les propriétés de cette matière elle-même.
Mais ces conclusions trop hâtives exigent de nouveaux
appuis ; que les sciences physiques, quelles qu'elles
soient, nous en fournissent tour à tour, c'est en les
appliquant à des faits qu'elles deviendront bien plus
probantes.

Après maintes discussions sur les barrières à établir entre les divers règnes de la nature, les savans
ont été obligés de convenir qu'ils avaient tort de part et
d'autre ; que la matière, sans s'assujettir à nos impuis-
santes classifications, formait d'une foule de corps un
tout uni par des gradations insensibles, et qu'il en était
qui, véritable moyen d'union entre des êtres plus dissemblables, tenaient à la fois des uns et des autres.

Cela aurait dû éclaircir sur d'autres points des sciences naturelles, et pourtant encore aujourd'hui, les chimistes, les physiciens, les physiologistes, se disputent l'explication de certains phénomènes qui n'appartiennent exclusivement à aucune de ces sciences pour être le résultat de leur concours mutuel. Ces querelles interminables nuisent aux progrès des sciences ; car les passions, qui dénaturent tout, mettent des suppositions, quelquefois des mensonges, à la place des faits, et donnent des injures pour des réfutations raisonnées. La crainte de s'en attirer, autant que la difficulté d'accorder un ensemble de faits qui dérivent de plusieurs causes à un système exclusif, retient souvent une plume heureuse, et la science est stationnaire. Qu'on me permette une sorte de rêve philosophique pour rendre raison d'un phénomène que ne peuvent pas expliquer les physiologistes, que n'ont pas osé raisonner les chimistes, et que je donne sans prétention, parce que n'étant ni physiologiste profond, ni chimimiste parfait, je ne crois pas à l'infaillibilité de ma théorie.

Je veux parler de l'organisation des fausses membranes, je ne citerai aucun exemple de la vitalité dont elles s'animent fort souvent ; ce serait perdre du temps à prouver une chose généralement reconnue ; mon projet n'est que de suivre la vie dans ses divers progrès de développement. Qu'on se ressouvienne d'abord que la cristallisation semble être le premier degré de cette affinité élective, en vertu de laquelle les corps vivans s'organisent ; ainsi certaines mousses appartiennent autant aux sels cristallisables qu'aux végétaux sensibles et contractiles. Qu'on se rappelle aussi que la gélatine, sans être organisée, prise seulement en masse tremblante, jouit déjà d'une sorte de contractilité, en vertu de laquelle elle frémit sous l'étincelle électrique.

Cela connu, je commence mes suppositions. Une membrane séreuse est enflammée, sa texture est changée, la suppuration en est le résultat ; le pus, déposé à la surface membraneuse, n'est plus soumis à l'action du tissu organisé ; trente-deux degrés de chaleur, que ne combattent plus mille causes connues sous le nom de forces vitales, suffisent dès lors pour concréter l'albumine qui le compose en grande partie ; la gélatine s'y trouve en certaine proportion aussi ; et, dans cet état de concrétion où la maintient l'albumine qui la contient de toutes parts, elle doit être certainement dans un état très-propre à se contracter sous la plus légère influence ; le muriate de soude et le phosphate de chaux que la chimie y rencontre, peuvent, hors de l'influence de la vie, obéir jusqu'à un certain point à leur affinité ; une sorte de cristallisation leur assigne une forme modifiée sans doute par le milieu un peu dense dans lequel ils se trouvent ; cet inexact arrangement laisse entre les molécules des espaces capillaires, en vertu desquels

de nouveaux fluides, secrétés par la séreuse enflammée, parcourent le nouvel organe ; ces liquides font
sur les parties qu'ils touchent une impression qui les
rapproche sans doute de l'état contractile ; l'action
développée, arrondit plus exactement ces synus naguère informes, devenus vascullaires ; ils s'abouchent
avec les extrémités des vaisseaux de la membrane
vraie ; les sels, qui ont donné l'élan, sont entraînés
par de nouveaux liquides qui envahissent de proche
en proche tous les tissus ; l'élément cristallin est em-
porté dans ces mêmes capillaires qu'il a formés. A
mesure qu'il s'organise mieux, le tissu remplit des
fonctions plus précises, et c'est bientôt une membrane
douée de vie.

Est-ce parce que d'autres forces concourent avec
les forces capillaires pour produire un effet unique,
qu'on nierait leur influence dans ce cas ; et si nos faibles sens ne peuvent pas embrasser un ensemble si
parfait de lois déjà connues, vaut-il mieux en créer
d'imaginaires ? L'animal ne semble-t-il pas être le but
que se soit proposé la nature; elle semble s'être essayée
d'abord dans les corps inertes : une fois sûre de ses
résultats, elle a tissu une machine qui offrît dans un
très-petit espace les propriétés réunies de tous les
corps, l'électricité, la gravité, l'élasticité, la caloricité, les forces capillaires, celles d'affinité chimique ; tout concourt, tout conspire à faire un être vivant des mêmes matériaux qui composent les corps

inertes. En vain, par exemple, on dira que, dans la respiration, c'est en raison de la vie qui l'anime, que le poumon oxide le sang ; l'acide carbonique ne s'est pas moins formé. Or, je défie qu'on puisse nier que ce n'est pas en raison de leur affinité que le carbonne et l'oxigène s'y trouvent unis. La respiration est donc un phénomène chimique. Qu'on dise ensuite que c'est vitalement que le poumon le sépare et l'expulse, je répondrai que c'est que les capillaires du poumon ont une sensibilité qui les met en rapport avec lui. Or, qu'est-ce que ce rapport entre les capillaires et l'acide, sinon une véritable modification de l'affinité chimique ? On dira encore que c'est vitalement que l'oxigène est absorbé ; il n'en reste pas moins vrai que ce principe était mêlé à l'azote et qu'il en a été séparé. Or, la force agissante a ici la plus grande analogie avec l'affinité chimique ; et si cette force était suffisante, à quoi doivent servir les propriétés vitales ? Loin de moi l'envie de nier les forces, en vertu desquelles le poumon opère l'hématose, le foie sépare la bile. Je conviens qu'eux seuls dans la nature peuvent produire de tels phénomènes ; mais je prétends qu'on a tort de l'attribuer à une cause unique, ou plutôt à un mot vide de sens. Les physiciens ont abandonné l'horreur du vide, dès que la pesanteur de l'air leur fut connue. Imitons cette sage conduite, et renonçons à jamais à des propriétés qui, ne pouvant pas être celles de la matière, n'existent pas. Je viens de dire que bien des fonctions étaient chimiques ; la difficulté que les corps gras offrent à la digestion , ne semble-t-elle pas indiquer que le chyle est dû à une préparation chimique ? En effet , ces corps deviennent plus nutritifs, dès qu'ils sont mis par un intermède à un état d'émultion , comme s'ils ne pouvaient qu'alors être unis à nos liquides aqueux.

Qu'y a-t-il en effet d'étonnant qu'une chaleur de trente-deux degrés , une trituration modérée , une addition de salive et de suc gastrique , et surtout le mode de sensibilité des bouches absorbantes , aident à la formation chimique du chyle ? Voici ce sur quoi je m'appuie : la vie ne fait pas du chyle avec les substances qui n'en contiennent pas déjà les principes. Il n'y a pas très-loin du principe saccarin du mucilage et de la fécule au liquide chyleux. Si la présence de la potasse , dans les fumiers des substances animales , sollicite la formation de l'acide nitrique , pourquoi la sensibilité des absorbans de l'estomac, en rapport avec le chyle seul, ne solliciterait-elle pas la formation de ce composé ? Me dira-t-on que c'est rentrer dans les lois vitales que d'accorder à l'estomac ce genre particulier de sensibilité ? Non, sans doute ; et si chaque organe est tissu à sa manière , il doit aussi être sensible à sa façon.

M. Bertholet a démontré que l'affinité était nulle dans bien des phénomènes chimiques ; la pesanteur, là solubilité, etc., y concourent autant qu'elle : pourquoi la tendance à une combinaison nouvelle, car c'en est une que le passage du chyle dans nos vaisseaux, n'y entrerait-elle pas pour beaucoup ? Elle est prouvée par tant d'autres faits. Ce que je viens de dire de la chylification, je le dirai de l'hématose, pourquoi l'oxigène ne modifierait-il pas chimiquement notre sang ? Pourquoi son contact avec lui n'aurait-il pas un résultat chimique ? Enfin pourquoi le mode de sensibilité des particules, en rapport avec tel ordre de molécules, ne solliciterait-il pas cette mutation par la même tendance à s'unir qui donne l'être à une foule d'autres corps ? D'autre part, jamais ni dans nos sueurs, ni dans nos urines, ni enfin dans nos excrétions de tout genre, nous ne retrouvons de fibrine, de gélatine, très-rarement de l'albumine, et cependant la décomposition des corps est admise par tous les auteurs. Ces principes devraient s'y retrouver, à moins qu'on n'admette que la vie qui les a formés les déforme ensuite avant de les rendre à la nature. Mais pourquoi ce mal en pure perte ? Et n'était-il pas bien plus simple qu'elle s'en débarrassât sitôt qu'elle n'en aurait plus besoin ? D'ailleurs cette hypothèse suppose dans la vie une sorte de raison que les vitalistes les plus outrés lui refusent. Il faudrait que l'absorbtion, chargée de décomposer les molécules anciennes, sût les distinguer des plus récentes. Or, ici on ne peut pas supposer que la sensibilité des absorbans de décomposition

composition ne les met en rapport qu'avec ces molécules ; car elles sont de fibrine ou de gélatine, comme
celles qui les remplacent. La sensibilité des absorbans ne pourra donc pas les distinguer ; au contraire, rien ne devient plus facile, d'après ma théorie, d'expliquer la décomposition du corps : de
même que le corps entier est un ensemble composé
de parties qui ont en même temps leur vie propre et
leur vie commune, chaque viscère peut aussi être
considéré comme un ensemble, dont la vie générale
est l'ensemble des vies partielles de divers groupes de
molécules qui le constituent ; et ces groupes sont manifestes aux sens dans les glandes surtout. Ces groupes résultent eux-mêmes de groupes plus petits ;
mais comme le scalpel de l'anatomiste ne va guère au-
delà du troisième, supposons que nous sommes arrivés aux derniers groupes de partie qui n'est plus composée que juste des élémens nécessaires à l'exercice
des fonctions qui s'exercent en même temps dans tous
les points de l'organe. Voici, selon moi, ce qui s'y
passe. Les vaisseaux abordent dans l'organe considéré en masse ; et remarquons une chose très-impor-
tante, qu'il pourrait devenir tout de suite capillaire,
et n'avancer dans les viscères que juste pour s'y dis-
tribuer, en se dirigeant chacun par le plus court chemin jusqu'au groupe qu'il doit entretenir ; mais bien,
au contraire, avant de se rendre à ce groupe, le sang

qui doit lui parvenir parcourt presque toute l'étendue de l'organe.

Bichat a dit que cette distribution était pour donner une secousse mécanique à nos viscères ; je n'en
doute pas, et cela prouve encore en faveur des causes
physiques : mais je crois que cela joint à cet avantage
celui de soumettre graduellement le sang qui parcourt
les vaisseaux à cette sorte d'affinité qu'exerce sur lui
tel genre de sensibilité. Pour lui faire changer ses
principes, de manière à ce qu'il revête peu à peu la
forme qu'il doit avoir pour servir à la nutrition de ce
viscère ; à mesure qu'il avance dans la profondeur, il
en est séparé par des tuniques plus amincies, et l'effet va toujours croissant, jusqu'à ce qu'il parvienne
au point qu'il doit nourrir, et c'est là qu'il subit le
dernier degré de transmutation. Cependant, l'arrivée
des molécules toujours nouvelles tend à augmenter le
groupe, mais la nature en a limité l'étendue : ce ne
sont pas les nouvelles arrivées qui sont refusées, car
elles sont soutenues par celles qui les suivent ; les anciennes, au contraire, n'ont pour les soutenir que
des molécules déjà entraînées loin de l'organe par un
courant contraire : elles sortent peu à peu de la
sphère d'activité du groupe auquel elles apparte-
naient, et recouvrent déjà un peu de leur ancienne
forme ; à mesure qu'elles s'éloignent par des canaux
nombreux, elles ressentent de moins en moins l'action
du viscère, et rentrent enfin dans le torrent dans le-

quel elles en étaient sorties; elles en sortiraient aussi
pures, si elles n'avaient pas en même temps servi à
une foule de secrétions diverses, qui ont fait varier
leurs principes primitifs. J'espère qu'on ne me dira
pas que, puisque sans les secrétions, le sang sortirait
aussi pur qu'il y est entré, il fallait ne pas créer de
secrétions, devenues inutiles, puisque le même sang,
en ne faisant que parcourir le grand système circulatoire, serait aussi nutritif après dix ans, que la première année de la vie. J'en conviens; mais, sans la
secrétion des larmes, aurions-nous la faculté de
voir? Sans celles de la muqueuse de l'oreille, aurions-nous la connaissance des sons? Sans celles de
la pituitaire, les odeurs ne nous seraient-elles pas
ignorées? Les douces jouissances de l'entendement
nous seraient donc défendues? Il en serait de même
de celle pour laquelle l'Univers s'agite, je veux parler de la dégustation, dont la digestion est la suite,
fonction qui entraîne tant de secrétions après elle.
Nous venons de le voir, mille forces concourent à la
production de la vie; un mot ne les comprend pas
toutes; ce n'est que dans leur analyse partielle qu'on
trouvera la solution du problême. On devrait commencer cét ouvrage où M. Hauy a laissé la cristallo-
graphie; partout, sans cela, nous trouverons des
obstacles. On peut bien, en effet, admettre la nutrition des tissus et des parenchymes par les vaisseaux
qui les parcourent, l'entretien de ceux-ci par ce qu'on

appelle *vasa vasorum*; mais en remontant toujours ainsi, n'est-on pas obligé d'expliquer la formation des parois de ces capillaires par une véritable affinité élective. Ne balançons donc plus à prononcer : la vie n'est que le concours des propriétés de la matière. En la considérant ainsi, on cesse de s'étonner que le calorique puisse l'animer ou l'engourdir : en effet, il est un élément des corps composés; sa présence suffit donc pour développer ces propriétés, dites vitales, dans les tissus où il ne manquait plus que lui pour donner au corps de nouvelles propriétés. Un phénomène que personne, je crois, n'a encore observé, prouve combien un principe de plus peut apporter de changement dans l'état et les propriétés d'un corps; j'ai vu la pélicule buttireuse d'une tasse de lait chaud agitée d'une foule de contractions oscillatoires, que j'attribuai d'abord au mouvement imprimé à la masse; cependant il se formait des lignes avec une sorte de régularité, et cela me fit penser que ce phénomène pouvait tenir à une autre cause. Je plaçai le vase sur un meuble fixe, et les contractions augmentèrent; il devenait évident qu'au lieu de la favoriser, le mouvement de la masse agissait en sens contraire; je n'en doutai plus quand de nouveaux mouvemens, que j'imprimai exprès, suspendirent ces oscillations contractiles, et que le repos les remit dans toute leur énergie; alors je voulus observer si les rides qui se formaient avaient quelqu'ordre particulier dans leur arrangement ; je ne crus pas en apercevoir, et pourtant il n'y avait de lignes formées que dans trois directions perpendiculaires : au centre, obliques au centre, et horizontales à ce même centre. Ce centre était occupé par quelques bulles écumeuses et sans mouvemens ; les lignes horizontales et les lignes obliques, surtout, étaient celles qui se trouvaient le plus souvent isolées ; les lignes convergentes, ou plutôt divergentes, étaient celles qui se trouvaient réunies en plus grand nombre.

Les mouvemens imprimés à la masse avaient pu troubler l'ordre dans lequel elles se seraient réunies sans cela. Continuant d'observer, je m'aperçus que les mouvemens diminuaient à mesure que la pélicule s'étendait en surface ; alors, j'observai les bords, et j'y retrouvai les mouvemens oscillatoires aussi énergiques qu'ils l'avaient été dans le centre, qui ne bougeait presque plus depuis qu'il était devenu centre par l'accroissement de ses bords. Ces oscillations consistaient dans un resserrement très-prompt qui formait une ligne qui, bientôt, était effacée par un élargissement qui semblait dû à la contraction des lignes voisines, qui alternaient avec la contraction de la première ; cependant, d'abord, la première ligne se marquait de nouveau par une contraction nouvelle, et son déploiement commençait à ne pas l'effacer toute entière. Acquérant ainsi peu à peu, et dans les alternatives de contraction et de déploiement, une épaisseur plus grande, elle finissait par devenir immobile et très-marquée : en général, les mouvemens étaient d'autant plus développés et plus prompts, qu'observés plus près de la circonférence, ils avaient lieu dans la partie la plus mince de la pélicule.

Je ne doute pas que la chaleur dont était pénétré le liquide, n'ait été pour beaucoup dans ces contractions; car on n'observe pas sur la crême du lait froid ces rides auxquelles elle donne naissance sur le lait qui a bouilli, et cela me paraît une furieuse atteinte à la théorie de ceux qui ne voudraient pas que les corps vivans fussent autre chose que des composés de principes qui ont les propriétés qu'ils doivent à leurs composans. En effet, cette crême oscillatoire n'était pas douée de vie dans le sens qu'on y attache; cependant elle se contractait; et quel principe était ajouté à ceux qui la composent? Le calorique, le calorique seul a donné naissance à une série de phénomènes qu'on ne soupçonnait pas dans la crême froide; s'il a pu la produire, pourquoi n'en produirait-il pas de plus développés dans des composés moins simples? Mais on ne peut pas généraliser son action comme on a voulu le faire, et l'on n'animera jamais avec la chaleur un corps auquel il manquera d'autres principes que lui; d'autre part, aussi, un corps pénétré de chaleur pourra n'attendre, pour se développer, qu'un principe nécessaire à son état de corps vivant. Ainsi, l'ovule renfermé dans l'ovaire est doué de chaleur, d'albumine, de gélatine et d'autres principes ; mais il lui en manque un pour que la vie s'y développe, et ce principe fécondant luï est apporté par la liqueur séminale.

Ainsi, la vie n'est donc pas une matière qui puisse passer d'un corps dans un autre, c'est une propriété particulière à un tissu de composans divers en rapports et proportions différentes. Ainsi, tout principe peut devenir l'occasion du développement de la vie, dès qu'il se réunira à un composé, auquel il ne manquait que lui pour acquérir les propriétés qu'on appelle vie. Si donc une cause quelconque, je suppose, me soustrayait toute la gélatine, à laquelle je dois une partie de mon existence, je cesserais d'être, mais je renaîtrais nécessairement dès qu'on me restituerait ce principe, en supposant qu'on pût le remettre dans les rapports et proportions qu'exige la vie pour se développer ; et ici, ce ne sont que les conditions de la vie, et non pas la vie elle-même, qui n'est qu'une propriété des corps. La vie n'est pas un être simple, c'est une multitude de phénomènes qui sont en raison directe de la complication des corps chargés de les reproduire.

Etonnez-vous donc à présent des éternelles divagations sur le principe de la vie ; il est partout, puisque tout principe nécessaire à la produire peut, par sa présence ou son absence, la développer ou l'éteindre.

Peut-être serait-il nécessaire de rechercher après cela chimiquement les principes dont l'union produit les corps vivans, mais on ne connaîtrait tout au plus que leur nature ; leurs proportions, leurs rapports échapperaient, et c'est surtout dans ces conditions que gît le développement de la vie. Aussi ne ferons-nous jamais un végétal, ni un animal, parce que, connussions-nous même ces rapports, nous manquerions de moyens pour les établir. Ah! va-t-on s'écrier, c'est dans ces moyens que la nature seule peut employer, que gît la vie! C'est cette force qui les rassemble que nous nommons vie. Je ne le nie pas ; mais cette force n'est qu'une action de la matière ; c'est une action, en effet, de s'assimiler telle substance et de rejeter telle autre. Or, la matière ne l'exerce que parce qu'elle a déjà des propriétés, ces propriétés elle les doit à sa nature propre, et cette nature n'est que la conséquence des principes qui la constituent ce qu'elle est. Qu'un morceau de bois se trouve fortuitement en contact avec l'humidité, il en résulte un composé triple d'ydrogène, d'oxigène et de carbone ; il a de nouvelles propriétés que n'avaient pas ces principes isolés, il en a d'autres que celles qu'avaient le bois et l'eau séparés ; c'est enfin un composé qui a toutes les propriétés d'un corps triple, Joignons-y un principe nouveau, qu'une douce chaleur s'y combine, les propriétés du corps changent, il devient sensible et contractile ; une mousse éphémère s'élève et végète ;

il n'a pas acquis subitement ces propriétés : mais nos sens grossiers ne nous permettent pas de saisir la chaîne des variétés qu'il a revêtues, en même temps que ses variétés de formes : mais il est constant que la chaleur a été ici le mobile qui y a développé ces propriétés que nous nommons la vie ; l'élan est donné par cela seul qu'il est sensible. Ce nouveau corps sent et s'approprie les principes qui lui conviennent, de nouveaux élémens changent l'état du corps, et par conséquent ses propriétés. Ces propriétés nouvelles sont la vie plus développée, et elle s'exalte ainsi par l'acquisition de nouveaux élémens, jusqu'à ce qu'il ait atteint le point de perfection que lui a prescrit son auteur.

Les amateurs des causes occultes, qui se paient de grands mots, ressemblent beaucoup aux poëtes ; ils disent, à l'occasion du printemps, que la qualité vivifiante du calorique vient redonner une nouvelle vie à tous les êtres. Une nouvelle vie ! comme si le calorique avait le moindre rapport avec cet être imaginaire qu'ils appellent vie ! Quand le soleil vient réveiller les végétaux, je dis, moi, que c'est un élément de plus qui, en s'unissant à un corps qui en était en partie dépourvu, lui donne de nouvelles propriétés.

Les Anciens ont comparé la vie au feu, la fable de Prométhée en est une preuve ; tous les physiologistes modernes s'accordent avec eux pour voir un certain rapport qui leur échappe entre la vie et le calorique : mais ce corps ne doit sa propriété animante à aucune analogie entre lui et la vie. Quels rapports peuvent être, en effet, entre une série de phénomènes qu'on a bien voulu personnifier en un être réel et palpable ? D'où vient donc, si le calorique n'est, comme les autres principes constituans des corps vivans, qu'une condition de cette série de phénomènes que nous appelons vie ; d'où vient, dis-je, qu'il paraît plus essentiel que les autres, qu'il n'a qu'à se montrer souvent pour que la vie se développe, tandis qu'en vain on placerait un principe des corps dans un de ces composés où ce principe serait le seul qui manquât ? Le composé ne donnerait aucun signe de vie. Le calorique est de tous nos principes constituans celui qui est le plus délié, il n'a qu'à toucher les corps pour se combiner avec eux ; au contraire, les autres principes, même les plus subtils, tels que l'oxigène, l'azote, etc., exigent certaines conditions pour devenir portion intégrante des corps vivans ; il ne suffit pas de les mettre en contact pour que la combinaison s'opère. Dès qu'elle n'a pas lieu, le composé n'est pas formé, les propriétés de ce composé ne se développent donc pas ; elles se développent, au contraire, quand il ne manquait que du calorique, parce que le calorique pénètre jusqu'aux molécules les plus profondes des corps, pour se combiner avec elles. Il paraît même que cette combinaison est soumise à des lois, de l'exécution desquelles dépend la vie elle-même. En effet, si le calorique n'est pas en quantité suffisante, la vie ne se développe pas; si elle est trop forte, le corps se refuse à la combinaison. Si elle surmonte cet obstacle, la combinaison de ce corps, naguères élément de la vie, devient une cause de mort, et ici la mort n'est qu'un nouvel état du corps, dépendant de la nouvelle combinaison qu'il a subie. Pourquoi le retour de la chaleur du printemps a-t-il si peu d'influence sur les animaux, comparaison gardée, avec celle qu'il a sur les végétaux? C'est que ceux-ci, dépourvus de la caloricité énergique, à laquelle les autres doivent une température constante, prennent à cette époque des propriétés plus développées, à mesure que la proportion de ce principe augmente.

Si le calorique animait, comme on le dit, le principe vital, ceux chez qui il languit le plus résisteraient davantage à de plus fortes chaleurs, que celui doué d'une vie énergique serait de suite trop excité et succomberait, comme on dit, par excès de vie; au contraire, soit par l'action du froid, soit par l'action du chaud, c'est toujours l'individu le plus faible qui périt; voici pourquoi : L'individu faible est saturé d'une somme de calorique proportionnée à ses autres principes; si la proportion augmente, la condition de la vie cesse; il en est de même de l'individu très-fort; mais il y a chez celui-ci cette différence que la vie d'ensemble est d'autant plus énergique que les vies partielles sont mieux développées, de sorte qu'il faut une action extérieure plus grande pour détruire leur union ; ainsi, la même influence suffit pour disjoindre l'accord des parties du premier, et est insuffisante sur celle du dernier : au contraire, certainement la chaleur serait plus nuisible à celui dont le principe vital est le plus voisin de l'exaltation qu'à celui où il a encore besoin d'être stimulé : cette mort de l'homme faible est donc encore une preuve irrécusable de la non-existence du principe vital ? Je sais que M. Fodéré rend raison de cela en disant que le même principe qui nous fait résister au froid, réagit aussi contre la chaleur ; mais qu'est-ce que c'est qu'un principe qui réagit contre le froid, qui n'est rien qu'une soustraction de principe ? Qu'est-ce qu'une réaction contre une soustraction de principe ? Après il réagit contre l'addition du même principe, quel caméléon ! Bien plus, tant que le calorique est en moins, l'ingénieux agent de notre vie se plaît, s'épanouit sous son influence ; mais vient-il à augmenter en trop grande proportion, le principe vital change de caprice et s'agite contre la chaleur qui lui plaisait tant tout à l'heure. que sans aller au-delà de ce qu'on observe, on dise que le calorique est un des principes de notre corps ; que la vie se développe à mesure qu'il augmente ; qu'au-delà de certaines proportions, encore ignorées, le point de saturation trop grand, donne au corps qu'il pénètre d'autres propriétés qui ne sont plus celles

de la vie, voilà, ce me semble, une marche plus sage ;
car, de ce que nous avons vu les propriétés vitales
s'accroître en proportion des composans du corps qui
les exerce, il ne s'ensuit pas que la vie doive toujours
aller en s'exaltant, à mesure que la matière s'accumule ; tout n'a-t-il pas ses bornes ? Un corps parfaitement poli n'acquiert jamais, quoi qu'on fasse, une
force réfléchissante plus considérable que celle qu'il
a atteinte entre les mains d'un habile ouvrier. L'acier
le plus dur ne l'est pas autant que l'imagination pourrait le concevoir ; il ne va pourtant jamais au-delà du
degré de dureté qu'on lui connaît. De ce que donc l'augmentation des proportions de principes dont l'ensemble
produit les corps vivans, n'augmente pas sans bornes
les propriétés vitales, il n'en faudrait pas conclure que
la vie n'en est pas la suite nécessaire ; et si leur auteur
n'avait pas mis de telles bornes à l'univers, où la matière se serait-elle donc arrêtée ? C'est dans ces
bornes que repose l'éternité du monde ; il fallait, pour
que l'être qui se développe aux dépens du sol qui
l'entretient, ne l'épuisât jamais, que les générations
précédentes lui rendissent ce qui devait constituer les
générations futures. Est-il étonnant, d'après les idées
qu'on a de la vie, qu'on veuille assigner des bornes
à sa présence ou à son absence ; qu'on discute long-
temps si tel a cessé d'être ou s'il existe encore ; qu'on
fasse maint effort pour retirer un asphyxié des bras
de la mort, et que, par un contre-sens inconcevable,

on abandonne à sa mort apparente tout individu qui succombe à toute autre cause. Voyons si ma théorie s'accorde mieux avec les faits observés. J'ai considéré l'homme comme un corps dont les propriétés étaient le résultat de sa composition : c'est, avons-nous dit, un assemblage d'organes, de systêmes, de tissus, à leur tour composés de principes différens ; chacune de ces parties, outre la vie qui lui est propre, concourt, par ses liaisons avec les autres parties, à une vie d'ensemble ; les grandes fonctions dépendent des organes principaux, qui eux-mêmes appartiennent à leurs composans ; c'est matériellement qu'ils dépendent les uns des autres, et non par des sympathies imaginaires, comme peut-être je le prouverai. Leurs liens sont palpables, Bichat l'a démontré pour le cerveau, le cœur et le poumon, moins apercevables chez d'autres ; nous verrons qu'ils n'existent pas moins ; commençons l'application de cette théorie : quand pour rappeler un asphyxié à la vie, on exerce des frictions sur lui, que croit-on faire ? Rappeler le principe vital ? Non, on change matériellement l'état d'un tissu inactif ; on les remet dans les conditions nécessaires à l'exercice de la circulation ; on l'échauffe, on y introduit donc un nouveau principe ? Déjà c'est un changement d'état, mais certaines parties qu'on ne frotte pas s'éveillent bientôt aussi ; n'est-ce pas par le genre de rapports qui lie les divers points de nos systêmes ? Le frottement ne peut-il pas produire, dans les parties qui y sont soumises, un état électrique? Pourquoi dès-lors n'agiraient-elles pas sur des points voisins, et ceux-ci sur d'autres plus éloignés? Je sais bien que le sang, les humeurs mises en jeu, peuvent expliquer ce phénomène, parce qu'ils peuvent matériellement aller modifier les tissus dans lesquels cette première oscillation les envoie ; mais si tout se réunit en nous pour produire la vie, pourquoi la cause sus-énoncée ne concourrait-elle pas avec les autres? Pourquoi ne pas l'admettre pour expliquer le retour à l'existence, sans dire vaguement qu'on réveille la vitalité? Il me semble, quand on parle ainsi, entendre un poëte dire, en parlant du jour, que l'aurore entr'ouvre les portes de l'orient; ce sont deux fictions ; elles ne diffèrent que de gentillesse. Je ne prétends pas que ce rappel à l'existence soit dû exclusivement à l'électricité, au calorique, au mouvement imprimé à nos humeurs ; je suis trop peu physicien pour en donner les preuves, je ne demande pas mieux d'avouer d'autres causes si on me les démontre; mais je récuserai toujours ce qui sera supposition gratuite, je n'admettrai pour cause que ce que mes sens me démontreront tels, et jamais d'autres, par conséquent, qu'un état matériel du tissu qui précède le développement de la fonction. Si on avait ranimé chez l'asphyxié un principe capable de mouvoir un si grand corps, où était-il? d'où l'a-t-on tiré? Si c'était dans quelque molécule, quelle exaltation n'y aurait-il pas porté, resserré dans un si petit espace ? Il faut donc l'avouer, la vie avait cessé parce qu'elle n'est qu'une propriété des corps, et que le corps asphyxié était hors des conditions de la vie ; elle reparut en effet à mesure que ces conditions ont été remplies par l'addition de quelques principes, ou le changement d'état de quelque tissu ; ce sont ces conditions que l'on appelle la vie ; mais ces conditions sont des lois éternelles que leur multiplicité nous obligera d'ignorer toujours. Il n'est pas seulement autant de conditions de vie que d'espèces dans l'échelle des êtres ; mais il en est autant que d'invidus, que d'organes, que de tissus ; c'est cette multiplicité qui avait fait donner aux propriétés vitales, l'inconstance pour caractère ; mais des conditions varient-elles ? Le Créateur voulut que tel ordre de phénomènes eût lieu dans tel corps, que la formation de ce corps fût soumise à telles lois ; mais parce que nous les ignorons, il n'en est pas moins vrai que la vie est un ensemble de fonctions, que ces fonctions sont dues à des corps organisés, que cette organisation est une suite des propriétés de la matière, que ces propriétés sont les mêmes pour la nature animée que pour la nature morte, seulement les conditions diffèrent ; ainsi, nous savons, par exemple, que la matière pèse en raison de sa masse ; mais nous ne connaissons pas en quelle raison elle est sensible ; nous savons par le soleil que

la

la matière est douée de caloricité ; nous ignorons les conditions de cette propriété ; nous savons la matière élastique, nous ignorons des lois qui régissent l'élasticité des corps vivans, c'est ce manque de connaissances qui nous a fait substituer une cause imaginaire à des choses déjà connues. Nous n'avons pas aperçu les liens qui les unissaient aux nouveaux phénomènes qui se développaient à nos yeux ; bien plus, nous les prîmes pour cause de phénomènes partiels dont nous ne pouvions pas nous rendre compte ; ainsi, la vie qui est le résultat de la digestion, de la circulation, etc., devint le mot qui servit à les expliquer. Je conclurai, de ce qui précède, qu'on devrait étendre le domaine de la médecine jusqu'à vouloir rappeler à la vie d'autres individus encore que les asphyxiés. On échouerait sans doute la plupart du temps, mais ne ranimât-on qu'un individu sur mille, ne serait-ce pas une bien douce récompense de tant de soins inutiles ? Je mettrais au nombre de ceux qu'on pourrait espérer de rendre à la vie les individus qui n'auraient point éprouvé de lésions graves ; ainsi je ne ferais pas de vains efforts sur un anévrismatique, sur un phtysique arrivé au degré du marasme ; mais pourquoi ne tenterais-je pas de dégorger le poumon du pérypneumonique qui vient d'expirer ? Pourquoi n'emploierais-je pas la roue de M. . . . . pour un apoplectique ? Pourquoi n'irais-je pas avec le stylet de Bichat, ou le sang que je propose d'y

6

substituer, stimuler le cœur d'une femme morte dans une syncope ? Pourquoi n'insufflerais-je pas les poumons d'un individu mort d'un accès d'asthme ? Dès que la vie n'est pas un principe qui s'empare des corps, ou les abandonne, ne dois-je pas espérer de la rappler en rétablissant l'intégrité des organes qui sont les conditions de son dévoloppement ? Puis-je lire à la surface d'un cadavre que son sang est irrévocablement coagulé, qu'un peu de chaleur ne lui restituera pas sa liquidité ; il suffit d'un doute pour que je tente tout pour rendre un législateur à ma patrie, un poëte à nos plaisirs, un guerrier à la gloire, une bonne mère à ses enfans.

J'ai vu mourir une femme d'un état spamodique des muscles du torax, et qui succomba à une véritable asphyxie ; aujourd'hui je tenterais avec d'autant plus de confiance de la rappeler à la vie, que le sang noir qui pénétrait ses muscles avait fait cesser le spasme avec la vie, et que rappelant celle-ci par une respiration artificielle long-temps prolongée, je n'aurais pas craint que l'autre se renouvelât. Je ferai à cette occasion une remarque singulière, c'est que les médecins ont personnifié la vie sans personnifier la mort, et que les gens du monde ont personnifié la mort sans personnifier la vie ; ils n'avaient pas plus tort les uns que les autres, et pourtant que dirait un docteur auquel on soutiendrait que la mort est un être ?

Quel médeciu oserait affirmer que tel individu sur
lequel on vient de jeter le drap mortuaire, a bien
cessé d'exister, quoiqu'il soit convaincu qu'il ne
pense, ne se meut et ne respire plus, et est privé de
circulation? Mais il a encore les organes propres à
ces fonctions, et si aucun d'eux n'est altéré profondément, si dans la seule privation de sensibilité ou
de calorique dépend leur inaction ; pourquoi, puisque le frottement produit la sensibilité comme il
dégage l'électricité et la chaleur; pourquoi ne péné-
trerait-il pas ces organes de l'élément qui leur manque
pour être dans les conditions prescrites par la nature
pour qu'ils entrent en action.

Il est si vrai que la vie n'est que le concours
heureux de toutes les lois physiques et chimiques,
que les molécules qui servent à notre entretien,
changent la composition de nos humeurs : ainsi
M. Schwilgue a observé que l'usage des alcalis fixes
donnait au sang une liquidité telle qu'il ne se concré-
tait plus par réfroidissement (1).

L'analyse chimique démontre l'existence de l'acide

(1) Je veux profiter de cette occasion pour demander si,
dans le croup, on ne pourrait pas profiter de cette observation pour introduire dans le larynx une sonde enduite
d'une substance alcaline, qui aurait le double avantage de
favoriser la respiration, à la manière de Dessault, et de dis-
soudre la concrétion.

6 *

urique dans les cantharides ; qu'on cesse donc de s'é-
tonner que cette substance agisse sur les reins. On
dit que la sensibilité de ces parties se trouve en rapport avec elles ; mais cela ne prouve-t-il pas une influence quelconque de l'affinité chimique ? Ce n'est pas
sans cause que le rein, même cuit, conserve son odeur.
L'urée, à laquelle il la doit, entre, à n'en pas douter,
dans sa composition. On attribue trop au liquide qui
parcourt les organes parenchymateux, l'odeur, la
couleur, la saveur qu'ils conservent après la coction.
Je ne doute pas que la bile, l'urine, la salive n'entrent comme élément dans les organes qui les élaborent, et n'aident ainsi par leur affinité à soustraire au
sang les principes analogues qu'il contient. Qu'on
dise, si l'on veut, que ces phénomènes sont dus à
une affinité vitale, on ne fera que changer de nom
une propriété qui se retrouve en chimie. Jamais, il
est vrai, le chimiste ne fera de bile, d'urine, de sang ;
ce n'est pas qu'il manque, comme on l'a dit, de propriétés vitales, mais bien des seuls appareils dans lesquels peuvent se former de tels liquides. En vain on
reprendra que ces appareils sont dus à la vie. J'opposerai toujours que celle-ci n'est que l'action obser-
vable des corps composés pour l'exercer ; et qu'enfin,
si on ne parvient pas à faire des êtres vivans, c'est
parce qu'on ignore les lois que la nature a assignées à
la matière, pour qu'elle remplît de telles fonctions.
Partout l'influence chimique semble se déceler en-

core , et prouver de nouveau qu'il ne peut y avoir en nous que des altérations de tissus. Les sels mercuriels ne semblent-ils pas ne prédisposer au scorbut, qu'en dissolvant les parois des capillaires ? Quelle preuve plus grande qu'il n'y a que des fonctions vitales ? Elles varient , c'est vrai , à l'infini ; mais toujours, en raison exacte du tissu qui les exerce, ces fonctions prouvent , par cette liaison avec l'état de l'organe, qu'elles sont aussi immuables que les propriétés physiques ; et c'est une nouvelle preuve de leur identité. Le mercure change le tissu , en raison de son affinité pour quelques-uns de ses principes. Où est ici la vitalité pour s'opposer à cette action destructive ? Quand vous la neutralisez, en y substituant les toniques , croyez-vous ranimer cette propriété vitale chimérique, parce que vous voyez les fonctions reprendre leur énergie ? Vous n'avez fait que prévenir la décomposition du tissu par une nouvelle affinité substituée à la première ; et ce n'est que consécutivement que les fonctions recouvrent leur intégrité primitive. M'opposerez-vous que, sans médicamens et par la seule interruption du traitement mercuriel, les parties recouvrent toute leur activité ? Mais qui prouve ici que ce retour soit dû à une réaction du principe vital ? Et est-ce que le corps ne se nourrit pas pendant l'interruption du traitement ? Les molécules alibiles ne sont-elles pas de vrais agens d'une tendance à des affinités nouvelles et plus conformes aux lois de la nature pour former des tissus solides, et, par conséquent, doués d'une vie énergique ? Les miasmes délétères, le typhus contagieux, la peste, sont-ils autre chose que des substances matérielles absorbées ? Ils sollicitent les molécules vivantes à se retirer de cette vie d'ensemble qui constitue le corps pour leur faire recouvrer leur affinité propre. L'élan une fois donné, l'individu, abandonné par ses parties constituantes, cesse d'être. Ce n'est pas ici par défaut de stimulant propre, que le tissu, cessant d'être appelé à sentir, obéit à d'autres affinités ; c'est parce que la tendance à obéir à ces affinités nouvelles, est plus énergique que la tendance à rester tissu ; tendance que nous croyons être assimilée à celle si souvent observée en chimie de deux corps qui ne restaient unis que par leur affinité pour un troisième. Ici, la tendance à sentir en tant-que tissu est la force qui l'empêche d'obéir à ces affinités nouvelles, quand il résiste à leur influence. Que sont les miasmes, suivant la théorie adoptée des corps qui agissent sur les propriétés vitales ? J'ai déjà demandé si elles étaient palpables pour être atteintes par d'autres corps ? On ne niera pas, j'espère, que les miasmes ne soient très-substantiels, puisqu'ils sont décomposables par les acides. On présente l'angine gangreneuse, comme due à un principe particulier qui ne peut donner que l'angine ; on s'est peu expliqué sur l'opinion qu'on en a. Je remarquerai d'abord que cette affection doit commencer par quelqu'un ; que cet individu ne peut pas l'avoir contractée contagieusement ; il ne la tient pas non plus de l'état de l'atmosphère , puisque cette affection ne paraît épidémique , que parce qu'elle est contagieuse. Nous ne pouvons pas supposer non plus qu'un poison septique se développe spontanément chez un individu. Le premier, affecté de gangrène, n'a donc eu d'abord qu'une angine ordinaire , mais qui , par des causes qu'il serait trop long d'énumérer , s'est terminée par gangrène. Voilà le foyer développé. L'air , qui sort de la gorge infectée , atteste par son odeur, qu'il est chargé du miasme putride. Qu'y a-t-il d'étonnant, ensuite, que ceux qui respirent ces molécules, rendues à leur affinité propre , n'en éprouvent la morbide influence ? Qu'y a-t-il d'étonnant que ce soient particulièrement les sujets les plus débiles, non pas , comme on le dit , que le principe vital ne réagisse pas , mais parce qu'il faut peu d'efforts pour désunir des tissus que leur faiblesse lie peu les uns aux autres ? Qu'y a-t-il d'étonnant enfin que ce soit la gorge, plutôt que toute autre partie ; puisqu'outre qu'elle est plus exposée au contact , sa manière d'être propre , la met en rapport avec tout ce qui approche d'une texture semblable? Pourquoi en effet n'admettrait-on pas que bien que déjà putrifiées, les parois du pharynx ne conservent pas dans les escarres, dont les particules détachées constituent le miasme délétère, ne conservent pas, dis-je, un reste de leur ancienne manière d'être , qui les met en rapport, plutôt avec le pharynx qu'ils attaquent, qu'avec toute autre surface ? M'observera-t-on que toute escarre est noire, humide, facile à écraser, et semblable dans tous les points où elle peut se développer. Devons-nous nous en rapporter à ces grossières apparences ? Croit-on que de la gélatine pétrifiée soit semblable à de la fibrine, à de l'albumine mises dans le même état, jusqu'à ce que l'oxigène, l'hydrogène, etc., qui les composent, ayent tout-à-fait repris leur état naturel ? Ne tiennent-ils pas dans cet état moyen, entre l'organisation et la disparition complète, un peu de leur état primitif ? Et s'ils en tiennent, pourquoi ne seraient-ils pas plutôt en rapport avec un tissu semblable à celui qu'ils constituaient jadis, qu'avec tout autre très-différent ?

J'entends dire aux physiologistes, que la nature bienveillante réagit contre ces miasmes, comme elle établit une inflammation salutaire qui doit amener la réunion d'une partie divisée. Non pas, disent-ils, que ce principe conservateur soit rationnel ; car il peut n'être pas assez énergique, ou l'être trop ; et alors le remède est pis que le mal ; mais c'est une loi de la nature de produire, contre les escarres, une inflammation qui les expulse contre les plaies, une inflammation qui les réunit. Comment la nature, qui a assez de raison pour établir une inflammation nécessaire, n'en a-t-elle pas assez pour la proportionner à la gravité du mal ? Quoi ! une force conservatrice est exubérante ou insuffisante ! et ce n'est qu'au hasard

qu'elle rencontre juste. Ah ! cessons de voir autre
chose que ce que nous montrent nos sens ; un tissu
sous-jacent à une escarre s'enflamme, parce que, modifié dans sa texture , comme je l'ai dit , l'instrument
qui l'a entr'ouvert , l'air , la lumière et le froid qui le
frappent , sont des stimulans qui impriment à la matière une modification nouvelle, d'où suit nécessairement un nouveau mode d'action ; l'œil pour la lumière , la couleur de la peau modifiée par elle , indiquent bien, entre nos tissus et ce principe , une
sorte de combinaison. L'air se combine avec le sang ,
il peut bien aussi se combiner avec les solides. Le calorique, soustrait ou ajouté, doit certainement changer leur texture. Quoi ! on voit constamment une inflammation être en raison directe du stimulant qui
l'occasionne , et du tissu où elle se développe ; on
s'obstine à y voir des propriétés variables et distinctes
de la matière qui y abonde ou s'en sépare à leur gré.
Mais quand je vois cette inflammation être aiguë
chez les individus robustes , languissante chez ceux
dont la fibre est molle et décolorée ; quand je la vois
plus forte, après un coup de feu , qu'après une égratignure, puis-je m'empêcher de n'y voir que l'influence de la matière sur la matière elle-même ?

Quand cessera-t-on en médecine de parler méta-
physiquement ? C'est ainsi qu'on ose encore s'exprimer sur l'inflammation , après avoir avoué qu'on
ignore parfaitement en quoi elle consiste. « Un point

» est irrité par un agent mécanique ou chimique, sa
» sensibilité s'exalte, il devient douloureux. Appe-
» lées par l'irritation, les humeurs affluent dans
» l'organe enflammé. » Qu'est-ce que c'est que l'irritation d'un point vivant, et que signifie cette expression ? Veut-on dire qu'il est en colère, ou bien
que les molécules s'érigent, se redressent, se groupent pour résister à l'agent ? Mais cela suppose un
sentiment volontaire, et nous ne pouvons pas le supposer. D'ailleurs aucune observation ne prouve cet
état d'érection qui suit une lésion de nos organes.
S'il en était ainsi, rien ne serait plus propre à produire celle du pénis, que l'introduction d'une sonde
dans l'urètre qui la souffre si impatiemment la première fois. D'ailleurs nous ne devons rien admettre
au-delà de nos sens, et cette érection d'un tissu lésé
ne s'est jamais vue. Nous ne devons donc dire, un agent
physique ou un chimique peut changer l'état physique
d'un tissu vivant, qui dès-lors revêt des fonctions dé-
pendantes du nouvel état qu'il a pris. Mais non ; les
physiologistes ont dit que le sang était *appelé par
l'irritation*. Qu'est-ce que c'est que cette irritation
qui appelle un liquide ? Si c'est la prétendue exaltation de la sensibilité, que peut sur le sang la sensibilité, qui n'est qu'une propriété ?

En vérité, les hommes sont bien faciles à satisfaire
sur la théorie des phénomènes de la nature. Mais l'inflammation est-elle donc toujours une affection ste-
nique ?

Nos capillaires amincies par la perte d'une partie
de leurs molécules constituantes, ne peuvent-ils pas
être dilatées plus facilement par les liquides qui les
parcourent ? Le sang ne peut-il pas être admis depuis
qu'ils ont revêtu ce nouvel état ? Il y aurait donc
rougeur et tuméfaction? Nous verrons, en parlant de
la sensibilité et de la caloricité, que les produits de
ces opérations des corps peuvent aussi être en excès
dans les lésions même asténiques. Et, dans ce cas,
peut-on dire qu'il y a exaltation? Ce n'est point imaginaire ; et les ecchimoses scorbutiques , quelquefois
très-douloureuses , sont des preuves que ces faits
existent.

Toute lésion d'organes, soit en plus, soit en moins,
a les caractères qu'on assigne à l'inflammation. Je
défie qu'on me cite un exemple d'altération qui n'en
ait présenté plusieurs. Les névroses, si peu connues ,
pourraient seules m'être opposées. Mais n'offrent-elles
pas; presque constamment, des traces de lésion quand
elles ont été graves ? Bien que la fièvre semble préexister à l'exanthême qui la provoque, l'altération du
tissu a lieu certainement avant ce trouble dans l'économie. Osez donc assurer que , dans les névroses, il
n'y a pas de lésion de tissu , quand la peau , soumise
à nos sens, nous dérobe ses altérations , lors même
qu'elles sont suffisantes pour déterminer un mouvement fébrile.

Pourquoi l'inflammation s'accroît-elle, et a-t-elle

un déclin ? C'est que l'altération de tissu est suivie du développement de fonctions dont l'effet est d'ajouter à l'altération de la texture , et que la suite nécessaire de cette lésion secondaire, est de développer des propriétés nouvelles. Enfin , l'altératiou , arrivée à un temps prescrit par la nature , paraît revêtir des états nouveaux dont les propriétés qui en sont les résultats ayent pour effet de diminuer les symptômes. Si l'inflammation était, comme on le dit, l'exaltation des propriétés vitales, les fièvres exanthêmatiques différeraient-elles autant entr'elles pour la sympathie qu'elles mettent en jeu ? En effet, c'est la toux et le corriza que provoque la rougeole ; ce sont les douleurs des lombes et le vomissement que cause la variole, etc. , etc.

C'est que ces affections sont des altérations diverses de tissu cutané, et que ces êtres dissemblables ont des propriétés différentes. N'est-ce donc rien que la différence d'apparence de l'exanthême et des tissus si diversement modifiés ? Ne doivent-ils pas agir sur l'économie d'une manière bien différente ? Voici une observation qui ne laisse aucun doute sur l'assertion précédente :

Un jeune homme de seize ans est inoculé avec le virus variolique ; et, dès le deuxième jour, on observe une céphalalgie violente , du dégoût, un accablement, des nausées, une fièvre vive. L'éruption de la rougeole a lieu ; mal de gorge, l'enrouement,

diarrhée, toux vive et fréquente ; les incisions va-
rioleuses se flétrissent le jour de l'invasion de la fièvre
de la rougeole ; et, trois jours après, elles paraissent
entièrement sèches et fermées. Trois jours se passent
encore, la diarrhée cesse, et l'enrouement augmente.
Le septième jour, diminution sensible des symptômes ; commencement des quammations. Le huitième,
l'incision du bras droit paraît se ranimer. Le neu-
vième et le dixième, légère douleur autour de l'escarre, et le travail commence à l'incision du bras gauche. Le treizième, la fièvre est très-intense ; et, à son
déclin, l'éruption varioleuse a lieu. Mais cette dernière maladie est bénigne ; les boutons de la face,
après avoir parcouru leurs périodes ordinaires, se
dessèchent, et le malade entre en convalescence,
après avoir éprouvé la toux et la diarrhée. Dans ce
cas, la variole a suspendu, pour ainsi dire, sa marche durant le cours de la rougeole.

Dira-t-on que c'est qu'à des virus différens sont
dus diverses manières d'agir sur l'économie ? D'accord, mais fera-t-on jouer à ces virus le rôle le
plus étendu ? et n'est-ce pas assez de lui accorder
qu'il modifie à sa manière le tissu cutané sans le faire
gratuitement se répandre dans tout notre être, et
n'est-il pas bien plus simple d'attribuer aux liens
intimes qui unissent toutes nos parties, tous les phénomènes qui se développent alors loin du tissu affecté?
Je conviens que le virus est la source du genre d'al-

tération qu'éprouve la peau , que chaque virus en produit une qui lui est propre ; mais cette lésion déterminée , je soutiens que c'est en raison de son nouvel état , que le tissu seul cause , dans les autres organes , des altérations propres à chaque état que ce tissu peut revêtir. Si l'inflammation était , comme on le dit , l'exaltation des propriétés vitales , les causes inflammatoires ne varieraient que du plus au moins ; et outre que les fonctions lésées consécutivement seraient les mêmes dans les autres organes, l'apparence des exanthêmes serait aussi toujours identique ; rien ne prouve donc mieux que ces affections , que les inflammations sont des altérations organiques qu'on ne saurait définir ; il en est , en effet , autant d'espèces peut-être que d'états dans lesquels nos tissus peuvent exister , en de-çà ou au-delà des conditions de la santé.

Il me resterait à combattre la théorie des sympathies , mais je ne vois pas la possibilité de le faire avant d'avoir établi l'existence des liens matériels , qui , méconnus jusqu'aujourd'hui , ont entretenu ces suppositions. Ce n'est donc qu'en avançant dans l'analyse des propriétés de la matière , que nous verrons s'éclipser comme d'elles-mêmes ces forces imaginaires ; car , ne devant leur existence qu'à l'impossibilité de rien expliquer sans elles , elles la perdront à mesure qu'elles deviendront inutiles. Je suis loin , pourtant , de prédire leur chûte , mon âge , mon impéritie, les maux qui m'accablent, et surtout mon ignorance, les mettent à l'abri de mes coups incertains. J'en suis trop convaincu par la première partie de cet ouvrage, il ne m'était pas réservé d'opérer de tels changemens ; puissai-je seulement avoir donné l'élan, et me voir bientôt loin derrière ceux à qui j'aurai indiqué le chemin d'une réforme que je crois importante ! Je m'égare peut-être, mais sans lumière et sans guide, où puis je apprendre que j'ai quitté la bonne route ; si j'émets des erreurs, j'ose le faire sans scrupule, elles ne seront pas de longue durée, et la mort va pour moi en abréger le cours : je laisse au Juvénal de notre école à les écraser de tout le poids de son autorité, de tout celui de son génie, pour en préserver les autres ; mon livre pourra servir au moins à les garantir de la chûte que j'aurai faite moi-même.

Nous voici arrivés au point le plus important peut-être, mais le moins étudié, d'une théorie que j'ose soumettre au plus vif éclat du jour. Que sont donc la caloricité, la sensibilité et la contractilité, si elles ne se développent pas que dans les corps vivans ? où la nature nous en offre-t-elle les esquisses? Il faudrait, pour répondre à ces questions, avoir médité des ouvrages que je n'ai que parcourus, en avoir au moins lu d'autres dont j'ignore l'existence : qu'on n'accuse donc pas mon système des efforts impuissans que je tenterai pour le soutenir ; que la fausseté de mes raisonnemens, la faiblesse de mon jugement n'entraînent pas dans leur honteuse chûte les vérités qu'ils étaient destinés à défendre : je ne donne ce qui suit que pour des hypothèses, manquant de preuves à leur appui ; mais si elles ont le sort de celles auxquelles je propose de les substituer, elles ne partageront pas avec elles l'inconvénient d'être séparées de la matière à laquelle seule elles peuvent appartenir ; elles apprendront du moins aux physiologistes à ne plus faire cet inconcevable isolement. Quelle barrière, en effet, veut-on élever entre une action produite et le corps qui en est la source ? que devient alors l'action ? Un effet sans cause ; mais non, ils ont évité cette erreur pour en adopter une plus grande ; et cet effet qu'ils avaient séparé des êtres dont il était le produit, devint, entre leurs mains, la cause de sa cause même.

On a long-temps et vaguement disserté sur la chaleur des animaux ; tour-à-tour, les mécaniciens, les chimistes, les physiologistes, l'ont attribuée à des opérations du domaine des sciences qu'ils professaient. Les frottemens, les décompositions chimiques furent fournis en preuves ; chacun mettait dans un organe particulier l'imaginaire élaboration du calorique animal. Bichat, en combattant tous ces systèmes avec son talent ordinaire, l'attribue à la nutrition, ce qui avait sur toutes les autres théories l'immense avantage de s'accorder avec l'observation, en cela que partout cette chaleur devait se développer, puisque partout en nous il y a nutrition ; mais

on

on pouvait lui opposer que les organes les plus actifs devaient être aussi les plus chauds, et que malgré que l'équilibre s'établît entre ceux-ci et ceux qui, comme les tendons, jouissent d'une vie très-peu active, la chaleur se produisant sans interrúption, cet équilibre devait sans cesse être rompu ; ce qui n'a pourtant pas lieu ; car le foie, le poumon, ne sont pas certainement plus pénétrés de calorique que le fémur ; d'autre part, si notre chaleur dépendait d'une fonction, elle ne pourrait être qu'extraite des substances alimentaires qui la contiennent. Or, il est certain que nos excrétions liquides et gazeuses égalent au moins, si elles ne surpassent pas, la somme des liquides et des gaz ingérés pour notre subsistance. Il faudrait pourtant, si la calorification existait, que nous rendissions solides des substances ingérées dans un état de densité moindre, pour que nous nous fussions approprié le calorique qui les tenait à cet état. M. le professeur Chaussier a le premier admis la caloricité comme propriété des tissus vivans, mais il ne l'accorde qu'à tout ce qui est doué de vie ; pourtant, si nos corps en jouissent, c'est que c'est le propre de la matière de produire du calorique ; seulement, la somme de celui qui se développe en nous est plus grande, parce que sans doute nous sommes dans les conditions plus propres à le produire. Chaque corps en effet, vivant ou inerte, n'en produit-il pas une quantité donnée ?

7

On a voulu apprécier cette quantité chez l'homme ,
on s'en est à peine occupé chez les autres : cette analyse pourtant était seule capable de nous éclaircir;
on aurait vu qu'un corps est doué de chaleur en
raison de l'état dans lequel il se trouve. La fermentation produit de la chaleur , ses produits, presque
tous gazeux , doivent donc en absorber une quantité
considérable; et cependant, quelquefois , un fumier,
un tas de grains, s'enflamment spontanément: quelle
preuve plus grande de la caloricité des corps ! ils ne
vivent pas alors, et pourtant ils s'échauffent.

On a attribué les feux des volcans au développement du calorique produit par des affinités chimiques; mais ne serait-il pas bien plus raisonnable de
l'attribuer à la caloricité de la terre, dans les entrailles de laquelle s'accumule son produit ? On
me citera les exemples du calorique qui se dégage
quand on mêle de la chaux à de l'eau, de l'acide
sulfurique au même liquide ; mais la première cause
doit être rare dans les volcans dont le terrain est
peu calcaire. On pourrait plutôt l'attribuer à la
seconde , mais si l'on réfléchit que l'acide sulphu-
rique lui-même, que suppose tout formé cette hypothèse, a besoin de calorique pour se former, d'autre
part, l'oxigène nécessaire, vu son état gazeux , doit
peu rester dans les entrailles de la terre, une fois
qu'il s'est séparé des corps qui le contenaient. Il
faut donc supposer qu'il n'a jamais été libre, et que

le souffre l'a soustrait à d'autres corps oxigénés ; de façon qu'il n'a pas eu le temps de passer à l'état de gaz. Mais cette soustraction ne suppose-t-elle pas encore l'action du feu ? et d'ailleurs à quel corps le souffre enlève-t-il l'oxigène ? Oui, la caloricité est , comme l'élasticité, due à un certain rapport des molécules entre elles, et au lieu d'être, comme la pesanteur , en raison de la masse , elle paraît se trouver en raison directe de la complication des êtres ; les corps bruts, les plantes , les animaux , nous offrent cette succession de complication et de température. Ce ne fut d'abord que dans les corps vivans qu'on s'aperçut qu'elle existât, elle y était trop énergique pour être méconnue. Bientôt les végétaux offrirent le même phénomène : on le méconnaît encore dans les corps bruts. La somme de calorique qui se produit en eux est trop faible pour que la soustraction qui s'en fait à chaque instant ne nous l'ait pas dérobée long-temps ; et je l'avouerai même, je ne fais guère ici que le supposer par analogie. Cependant nous voyons qu'il est des états des corps dans lesquels il s'échauffe ; le frottement, par exemple, produit la chaleur , et on ne peut pas nier ici que ce ne soit à l'état actuel du corps que soit dû ce principe. Un appartement hermétiquement fermé , est plus chaud quand il est plein de corps, même inertes, que quand il n'offre qu'un espace vide ; je pense que si après avoir congelé du mercure , on l'isolait de tout corps qui pût, ou

lui soustraire, ou lui fournir du calorique, il re-
viendrait lui-même, après un temps plus ou moins
long, à son état de liquidité. Mais l'expérience est-
elle donc impraticable, et celles mêmes que nous
faisons journellement ne prouvent-elles pas cette assertion ? Pour maintenir un liquide à l'état de congel-
lation, ne l'entoure-t-on pas sans cesse de réfrigérans
nouveaux ? Je sais que c'est pour absorber le calorique que cèdent les corps environnans ; mais est-ce
donc la seule cause de la fusion que l'on veut prévenir ? et le calorique, qu'en tant que corps il dégage
sans cesse, n'est-il pas une seconde cause qu'on a à
combattre ? Voici, au surplus, quelques faits qui
appuient, je crois, la caloricité de la matière : 1°. elle
existe dans les corps vivans, et il est bien prouvé
qu'ils ne tirent pas leur calorique des élémens qu'ils
élaborent ; or, les corps vivans ne sont que des matériaux dont les propriétés ne sont plus développées que
parce qu'elles sont plus complèxes ; 2°. le calorique,
dit rayonnant, que la lumière nous apporte, peut
bien n'être qu'une propriété de cette lumière, et personne ne doute que celle-ci ne soit matérielle ; 3°. le
soleil dont elle émane paraît être la source de ce calorique qu'il nous envoie sans paraître s'épuiser ;
4°. bien que tous les corps soient soumis à l'équilibre
du calorique, ils ont une température propre, indépendante, et de cette loi et de la forme, et de la
couleur qui pourrait faire supposer qu'il sont plus ou

moins chauds, parce qu'ils absorbent ou réfléchissent plus ou moins de rayons de chaleur.

Cette caloricité propre des corps paraît tenir beaucoup à leur arrangement élémentaire, et sur-tout au nombre de leurs principes : ainsi les métaux, puis les sels et les oxides, nous offrent une succession assez graduée ; l'alcool, les éthers dus à trois principes, ont une température propre plus élevée que l'eau et les acides, qui n'en ont que deux ; viennent après les tissus organiques privés de vie, et enfin les cheveux, la laine, les poils ; c'est ici surtout que la caloricité devient une propriété évidente de la matière. Placez dans un endroit froid un tissu de laine et un tissu métallique ; ils sont soumis à la même force qui tend à leur soustraire du calorique : je ne doute pas que le premier n'en était autant fourni que l'autre ; mais il en a produit assez pour conserver toujours une température plus élevée. On va m'opposer, sans doute, que moins bon conducteur que le métal, il en a conservé davantage ; cette propriété des corps est prouvée par trop d'expériences pour que j'ose la récuser ; mais est-elle la seule cause du phénomène que je viens de décrire ? Voici, ce me semble, une preuve du contraire : mettez dans une boîte, d'une capacité donnée et d'une substance voulue, remplie d'une poudre métallique, une quantité connue de glace ; placez-en une égale quantité dans une boîte semblable et remplie de poils ; s'il n'y a que la facilité avec laquelle des corps différens retiennent ou cèdent leur calorique, ce sera certainement la glace, *mise dans le métal*, qui fondra la première ; car ce corps, meilleur conducteur que le tissu pilleux, cédera bien plus promptement que lui le calorique dont il est pourvu ; mais le contraire arrive, on est donc forcé d'admettre que les poils sont doués d'une caloricité plus énergique, il n'y a donc plus de doute que ce ne soit une propriété de la matière : ainsi, je ne crois pas qu'un corps soit plus ou moins chaud dans son état habituel, parce qu'il retient plus ou moins de calorique, mais seulement parce qu'il n'a la faculté d'en dégager une quantité donnée, et que la loi de l'équilibre, en en soustrayant une égale quantité à tous les corps, il s'ensuit nécessairement que celui qui en produit le moins doit se trouver à une température plus basse. On m'opposera que par cela seul qu'il est lisse ou dépoli, coloré ou non, le même corps varie de température ; je répondrai que la réflexion des rayons de calorique peut avoir l'influence qu'on lui a découverte, mais que cette observation ne détruit nullement la mienne. Quel effet dans la nature n'a qu'une cause unique, pour avoir dit que c'était le propre des corps de produire du calorique ? Je ne nie pas qu'il soit matière lui-même, et le soleil est l'immémoriale preuve qu'un corps peut avoir la propriété d'en produire un autre sans s'épuiser ; c'est peut-être à la caloricité des corps qu'est due la volatilisation perpétuelle de quelques molécules de

la surface des plus solides , ce qui, comme l'a observé
Fourcroy , fait qu'ils sont tous odorans : or, un corps
solide ne doit point avoir de tendance à se volatiliser, il
faut supposer qu'une force l'y sollicite ; ce n'est pas la
température ambiante, puisque, lors même qu'elle
tend à lui soustraire du calorique, la volatilisation a
lieu ; cela tient donc à celui que produit le corps lui-
même. On m'opposera, pour prouver que la caloricité animale est une fonction et non une propriété,
que les corps qui absorbent le plus d'oxigène , qui
mangent le plus, agissent davantage et sont enfin plus
robustes, sont precisément ceux qu'on voit pénétrés
de plus de chaleur ; mais cela ne prouve pas que sa
production soit le résultat de ces fonctions. La caloricité des corps plus énergiques, à mesure qu'ils
sont plus compliqués, doit les suivre en effet dans
leur développement matériel ; ils ne passent pourtant
pas en-deçà ni au-delà des 52 degrés qui leur sont assignés ; mais cela tient à ce que, s'ils diffèrent beaucoup pour la masse et la consistance, ils sont identiques
dans le nombre de leurs organes et de leurs élémens
constitutifs. J'ai prouvé peut-être que le calorique pouvait être produit par tous les corps ; mais je n'ai pas
prouvé qu'il fût un corps lui-même ; combien de savans
doutent encore aujourd'hui qu'il soit autre chose
qu'une propriété de la matière ! Mais ce qui me semble
déceler irrévocablement sa matérialité, c'est qu'il agit
sur nos organes, soit qu'il s'en sépare, soit qu'il s'y

combiné : or, je défie qu'on trouve un être capable de nous impressionner, qui agisse autrement que matériellement, et par contact. Toutes ces idées me paraissent trop simples pour n'être pas venues à d'autres : je crois donc qu'ils les ont rejetées, parce que, plus profonds, il avaient plus que moi des connaissances qui détruisaient ces hypothèses ; et je ne les soumets presque que pour qu'elles soient combattues et détruites. Si, contre mes espérances, elles paraissent être plausibles, j'invite ces hommes, au génie desquels il est donné d'éclairer le monde, d'agrandir de toutes leurs connaissances ces aperçus, qui ne peuvent être féconds dans une main aussi inhabile que la mienne.

On dit généralement qu'un corps chauffé jusqu'à devenir lumineux, a absorbé tant de calorique que ce principe, qui n'est qu'une modification de la lumière, lui donne l'éclat qui en dépend ; c'est aller au-delà d'une sage observation. On peut tout au plus dire qu'un corps devient lumineux quand il est combiné avec telle dose de calorique ; l'éclat qu'il jette n'est que le résultat d'une propriété que revêt le corps, qui résulte de la combinaison du calorique avec la base qui le fixe. La preuve que la luminité est une propriété de la matière, c'est qu'il est des corps lumineux par eux-mêmes, sans qu'on les échauffe ; les vers lumineux, certains autres animaux phosphoressans et un composé d'un sel baritique avec je ne sais quelle autre substance, irradient de toutes parts des rayons lumineux. Voilà donc un nouvel exemple, que tout matériel que soit un principe, et on ne peut pas douter que la lumière ne le soit, il peut être encore une propriété des corps; ainsi les corps lumineux secrètent, si j'ose m'exprimer ainsi, ce corps matériel qu'on appelle la lumière.

C'est sans doute un problême à résoudre, qu'un corps en produit un autre sans s'épuiser; mais faut-il le récuser parce que nous ne le concevons pas? Si la lumière prouve autant que le colorique que la matière peut, d'une part, les produire, et de l'autre s'en envelopper comme d'une propriété; si, par exemple, un corps en tel état de combinaison a une température et un éclat qui lui soient propres, et qu'en même temps il puisse céder à d'autres corps l'excès de lumière et de calorique; pourquoi un corps aussi composé que celui des êtres vivans, ne jouirait-il pas d'une sensibilité propre, et ne pourrait-il pas en outre céder un fluide auquel il devrait cette propriété, et communiquer ainsi à un nouvel individu le seul principe peut-être qui lui manquât pour être dans les conditions de la vie? Mais n'allons pas au-delà des faits, et avant de pousser plus loin les conjectures, essayons de prouver d'abord que la matière est sensible, ensuite qu'elle peut produire un corps qui propage à d'autres êtres une faculté semblable.

La vie, dans sa plus simple expression, n'est que le résultat sensible de l'action d'un corps sur un autre et le mouvement ou l'accroissement, seuls phénomènes qui la décèlent à nos yeux. Ces actions se développent, ai-je dit, par la seule rencontre fortuite de deux corps faits pour agir l'un sur l'autre ; c'est sur cela que je me fonde pour croire la matière sensible, comme elle est pesante et impénétrable ; l'expérience le démontre, la gélatine se meut sous l'influence de l'étincelle électrique ; la vie n'était certainement dans aucun de ces corps, et pourtant une action passagère, dirai-je même une vie fugace, s'est développée sous l'influence du stimulant. Peut-être les globes célestes ne s'attirent-ils que parce qu'ils se sont sentis. Un sel ne se cristallise que parce que chaque molécule se sent voisine d'une autre molécule, et qu'elle se tourne dans le sens convenable à la cohésion régulière ; sans cette sensibilité préléminairement admise, pas de cristallisation ; plus développée, cette sensibilité produit des végétaux ; développée encore, elle enfante des hommes. L'instant de la conception n'est-il pas même celui de la plus vive sensation ? Nous en sommes le résultat : un peu plus elle serait douloureuse ; et cela me conduit à faire observer que si la douleur tue, c'est que la matière a des bornes qu'elle ne peut pas pousser au-delà : une certaine dose de ses propriétés, telle qu'un corps, serait anéantie, si la cohésion l'emportait tout-à-coup sur l'impénétrabilité.

Jusqu'à un certain degré, la sensibilité paraît soumise à des lois assez constantes. Ainsi, en la jugeant d'après les forces connues avec lesquelles les autres s'attirent réciproquement, on pourrait l'apprécier,

ainsi que celles qui existent entre les corps sublu-
naires et notre globe. Mais ces proportions cessent
d'être exactes et calculables dans les corps organisés.
Ainsi, on pourrait encore juger de celle qui avertit
de leur présence réciproque les molécules des sels ;
mais on ne saurait apprécier celle des végétaux , et
encore moins celle des animaux. Probablement que
cela tient moins peut-être à une plus grande sensibilité de la matière qui la compose, qu'au plus grand nombre de corps par lesquels ils sont impressionnables.
Et je remarque que cela se rapporte encore à la matière. En effet , si on admet que tel corps sensible ne
trouve que dans tel autre le stimulant qui lui convient pour que la sensibilité, et par suite l'action, entre
les deux corps , soit mise à nu , il arrivera que les
corps composés auront d'autant plus de stimulant
dans les autres corps, qu'ils seront eux-mêmes composés d'un plus grand nombre de corps. Eh bien ! c'est
ce qui arrive. En effet , les métaux, puis les alcalis ,
puis les sels , puis les végétaux, et enfin les animaux,
jouissent d'une sensibilité qui est, en raison directe
de leur composition, plus multiple. Je n'ai pas besoin d'en fournir de preuves. Les diverses proportions
des composans doivent influencer sur la sensibilité
composée des corps. Ainsi, un protoxide diffère d'un
deutoxide , celui-ci d'un péroxide dans ses affinités ,
et, par conséquent, dans sa sensibilité; de même , la
gélatine , la fibrine , l'albumine , diffèrent entr'elles

dans leur affinité; et ici, affinité n'est que le résultat de la sensibilité développée : l'élasticité est certainement accrue par l'arrangement de nos tissus qui en revêtent une inconnue à la matière dite *inerte*. Si cette propriété physique s'est accrue, pourquoi d'autres propriétés ne se développeraient-elles pas en même temps ? Pourquoi la matière, assez sensible pour se cristalliser, ne le serait-elle pas devenue suffisamment pour palper jusqu'à la lumière ? Pourquoi la force, qui rapproche les molécules de deux liquides, ne deviendrait-elle pas assez énergique pour rapprocher instantanément les molécules d'une masse fibrinaire, sous l'action de l'influence nerveuse , en supposant, comme il est très-probable, que cette influence soit due à la présence du fluide nerveux ? Si donc, par cela seul qu'ils sont composés, les corps gélatineux, fibrineux, sont plus sensibles que d'autres, que devra-ce donc être pour la sensibilité du corps qui résultera de leur ensemble? Cette sensibilité sera en raison composée de tous ces composans, de même que la résistance des corps vivans est en raison composée de leur solidité , de leur cohésion, de leurs tissus, de l'assemblage de ces tissus, et enfin de l'ensemble qu'ils composent. La mort, amenée par la vieillesse, prouve encore cette théorie. Gorgés de parties solides, les tissus racornis ne sont plus accessibles à de nouveaux stimulans ; et comme vivre n'est que sentir, l'ensemble qui compose la vieillesse, cesse d'être, à mesure qu'il cesse d'être impressionné. Cependant la matière ne cesse pas d'être sensible, puisque telle est son essence : et cette même sensibilité hâte la décomposition du corps que naguère elle avait formé. En effet, dès que l'ensemble n'est plus appelé à conserver les rapports pour obéir à l'ordre de sensation auquel il était propre dans cet état ; et je remarquerai ici que cet appel ou tendance à tel ordre de sensation, maintient les élémens d'un corps vivant dans les rapports propres à le constituer absolument ; de même que la potasse, par son affinité pour l'acide nitrique, provoque la formation de ce composé. Eh bien ! dis-je, dès que cette tendance à sentir d'une certaine façon ne maintient plus dans les rapports qui constitueraient le corps du vieillard, la matière obéit à d'autres affinités ; et dans ce même corps, avant que l'ensemble soit totalement privé de vie, de nouvelles affinités se développent ; de là les déjections fétides, enfin toutes les infirmités dégoûtantes de la décrépitude ; et le vieillard mourrait en partie, et peu à peu, si les organes les plus nécessaires à l'ensemble n'étaient pas le plus souvent les premiers frappés de mort ; car cela ne sort pas de ma théorie. L'homme se compose d'un poumon, d'un foie, d'un cerveau, etc. ; et ces viscères sont aussi nécessaires à la vie de l'ensemble, que l'hydrogène ou l'oxigène l'est à l'existence d'un tissu. Eh bien ! que l'hydrogène obéisse à une autre affinité, le tissu cesse d'être ; quand le poumon cesse ses fonctions, l'homme n'existe plus.

Ce rapport entre les propriétés des grands corps et celles des molécules, n'est pas seulement pour la sensibilité, qu'on sépare à tort de la contractilité, qui l'accompagne dans presque tous les cas. Deux planètes se sentent, elles s'attirent ; deux molécules ont conscience de leur voisinage réciproque, elles s'unissent ; si une cause quelconque ne les éloignait, elles se confondraient, l'espace qui les sépare disparaîtrait. Eh bien ! supposez un cercle entier de planètes égales, et se touchant par leurs côtés, mais étant mobiles les unes sur les autres ; le centre du cercle qu'elles circonscriront sera un point vers lequel elles tendront toutes ; mais leur impénétrabilité s'y oppose : cependant si vous augmentez la tendance vers le centre, en y plaçant un corps qui les y attire, il pourra se faire que le cercle se rétrécisse si la matière qui compose chaque planète est supposée compressible. Eh bien ! transportez ce raisonnement à un cercle de molécules gélatineuses, et il s'ensuivra qu'une molécule pour laquelle elle aura de l'affinité se trouvant au centre du cercle, il se contractera. Voilà comme la sensibilité et la contractilité ne sont qu'une des modifications de l'attraction planétaire ; mais j'en reviens toujours à ce fait que chaque composé nouveau jouit de ses propriétés primitives en raison composée du nombre de ses composans, de l'arrangement de ces derniers en

tissus, en systèmes, en organes et ensemble vivans.
Je ne nie pas pour cela les propriétés vitales ; elles
sont à nos yeux les propriétés physiques dans leur
plus haut degré de complication, et elles ne nous eut
paraissent si différentes, si distinctes, que parce que
le nombre infini des faits qui en sont les résultats ne
prouvant pas dans notre cerveau un ensemble aussi
bien lié qu'il l'est naturellement et effectivement, nous
avons établi, pour plus de facilité, des barrières entre
des propriétés qui ne paraissent distinctes que quand
on les considère par leurs extrêmes opposés.

J'ai dit que la matière était sensible, et j'ai voulu le
prouver par l'attraction planétaire et l'affinité chimique ; ici je considère la sensibilité comme un état de la
matière modifiée par un agent et qui agit en raison de
son nouvel état ; mais cela ne prouve pas une contradiction : en effet, si les corps les plus denses ont entre
leurs molécules des espaces plus grands qu'elles, que
doit-ce donc être entre les molécules de nos tissus ?
C'est donc encore à distance que ceux-ci sont modifiés par les agens extérieurs, et revêtent ce nouvel état
qui développe la contraction ? La sensibilité de la
matière est donc encore ici l'agent des fonctions de
l'animal dans l'attraction planétaire comme dans l'affinité chimique ? Nous ne pouvons pas supposer que la
matière sensible se porte vers l'objet qui l'attire, parce
qu'elle le sent comme par un mouvement raisonné ; le
sentiment n'est ici qu'un nouvel état imprimé au corps

par un autre et à distance. Les phénomènes de l'électricité appuient cette théorie: ce n'est pas parce qu'elle
est sensible à l'aimant qui l'attire, que l'aiguille tourne
vers lui; c'est parce que ce corps a changé la nature
de l'aiguille, et qu'en raison de son nouvel état, ses
propriétés changent.-Elle avait pour fonction la force
d'inertie; elle revêt par l'action, à distance de l'aimant étranger, la propriété de se diriger comme d'elle-
même vers cet aimant. Je ne doute pas que toutes les
attractions ou affinités chimiques ne soient dues à
cette faculté des corps d'être altérés dans leur texture
à distances par d'autres corps; et comme la matière
a autant de propriétés différentes qu'elle change
d'états divers, les fonctions nouvelles qui en sont le
résultat, sont des actions, et nous disons alors que,
pour déterminer cette action, un corps a dû être
senti par l'autre, tandis qu'en effet ce dernier n'a fait
que changer matériellement d'état, et par conséquent
de propriétés. Voici comme j'entends que la matière
est sensible: une molécule nutritive parcourt un
capillaire, ce n'est pas qu'elle en touche les parois,
c'est qu'elle les fait changer d'état et de fonctions,
que la nouvelle fonction est de se contracter; cependant cette contraction l'a fait toucher à cette molécule: l'impression qui en est résultée a été une
nouvelle cause de changement d'état, la source d'une
nouvelle faculté, celle de se développer.

L'application en grand n'est pas moins facile: un
organe

organe fait partie de l'ensemble, il a donc sa vie propre et sa vie commune, en tant qu'isolée il change d'état, suivant les agens, en tant que partie de l'ensemble, il fait, à distance et par l'intermède des nerfs, changer l'état du cerveau : comment, à présent, se fait-il que cet organe sente, ait conscience de cet état? C'est ce qu'il ne nous est pas donné de connaître ; c'est là qu'il faut admettre une âme, et divaguer longuement sur ce que rien ne prouve, ou se borner à l'observation, et dire : il arrive un moment où la matière est dans un état où elle a conscience de son être, sans aller au-delà de ce fait, qui est encore du domaine de ce que nous prouvent nos sens.

Il est certainement digne de remarque qu'on a supposé l'existence de deux fluides, pour expliquer les phénomènes électriques, et que, d'autre part, ces phénomènes semblent prouver en effet que ces fluides sont matériels ; si, poussant plus loin la supposition, on admet un rapport entre la contraction d'un capillaire, et la molécule qui le met dans un état contractile dès qu'elle l'a touché, on ne sera pas éloigné d'admettre, avec M. Marjolin, que le fluide électrique joue un grand rôle dans nos fonctions. Chaque point organisé avec le tissu dont il fait partie, comme nous venons de lier la molécule au capillaire ; unissons l'organe ainsi constitué avec les autres organes ; faisons-les tous communiquer au

moyen de conducteurs nerveux avec le cerveau, que
nous considérons comme un centre d'où émane et qui
reçoit un fluide subtile ; appuyons cette théorie de
l'influence du fluide galvanique sur la contraction
des muscles, et certes nous ne serons pas éloignés
de conclure qu'il entre pour beaucoup dans les phénomènes de la vie. Loin de moi la prétentieuse manie
de l'expliquer par ce moyen unique : tout conspire,
a-t-on dit, pour la produire ; la nature semble s'être
essayée dans tous les corps physiques, avant de les
combiner et de les réunir, pour en faire le plus surprenant résultat que puisse concevoir l'imagination.
Avec de la matière, faire un être qui se comprenne
et s'analyse soi-même ! Cependant il ne faut pas être
étonné de tant d'intelligence qui s'arrête elle-même à
cette matière qu'il ignore : cela me rappelle ces individus qui s'indignent qu'on ose faire penser la matière ; mais si c'est une de ses propriétés comme la
contractilité, etc., pourquoi la lui refuser ?

Revenons à notre théorie : un corps ne revêtant de
nouvelles fonctions qu'autant qu'il change d'état,
toute action développée est le signal de ce changement dans le tissu qui l'exerce ; quand donc je dis
que le cerveau reçoit une sensation, je ne doute pas
que cette nouvelle fonction ne soit due au changement d'état de l'organe ; je dis même que ce changement d'état constitue la sensation, parce que je ne
peux rien dire au-delà de ce que j'observe, et que le

changement d'état ayant lieu en même temps que la sensation, je suppose que l'un est la cause de l'autre ; la cause est pour moi le phénomène qui précède. On ne doit pas me demander ce qu'il y a de commun entre un mouvement imprimé au cerveau et le sentiment de conscience qui constitue la perception, l'essence des choses nous sera à jamais ignorée ; ce ne sont que les effets produits qui sont sensibles pour nous, la matière même nous est inconnue ; ses seules propriétés nous la font connaître, ses seules propriétés sont de notre domaine. Je ne sors donc pas de la route d'observation, en disant que le mouvement imprimé au cerveau y développe cette faculté, cette fonction, cette propriété nouvelle, qu'on nomme perception, conscience, et je répondrais à ceux qui persisteraient à me demander ce qu'a de commun cette perception et une commotion du cerveau, en leur demandant ce qu'a de commun la lumière que répand un corps en *ignition*, et ce corps lui-même, avant qu'il brûlât. Ils me répondront à l'instant que l'oxigène, en se solidifiant, perd son calorique, et que c'est lui qui brille ; mais pourquoi ne brillait-il pas avant de quitter l'oxigène qui le contenait, et pourquoi brille-t-il à présent ? C'est qu'il a changé d'état, dira-t-on ; oui : et qu'a de commun ce nouvel état, cet état de liberté, avec la clarté qu'il répand. En répondant que libre et accumulé, il jouit de toutes ses propriétés, vous ne faites que relater un fait

observé, faire concorder deux phénomènes simultanés, et donner comme cause celui qui a précédé ;
mais vous ne sauriez me dire ce qu'a de commun la
lumière avec le calorique qui l'épart, parce que c'est
remonter à la nature inconnue des choses. Eh bien !
c'est la même difficulté que vous me proposez ; et en
disant qu'une sensation perçue est un nouvel état du
cerveau, je ne fais qu'énoncer deux faits observés
toujours simultanés, immuablement accompagnés
l'un de l'autre ; je les considère tels que la nature les
offre.

La sensibilité n'est que la faculté qu'a le cerveau
d'être mis à des états divers par l'action des nerfs que
les parties lui envoient ; chaque état de cet organe
est avec conscience de l'individu, et cet état est
agréable ou insupportable : ordinairement et presque
toujours ces deux mobiles, plaisir et douleur, correspondent à des états de nos parties qui sont intégrité et altération.

Les sens, et l'organe cutané qui est le plus vaste de
tous, sont des tissus exposés à voir à chaque instant
leur texture changée, soit dans les rapports de ces
principes, soit dans leur nombre, et par conséquent
à agir sur le cerveau auquel ils sont liés, en raison
des natures diverses qu'ils revêtent par ces sortes de
combinaisons.

Ainsi, je suppose que la peau soit un composé de
fluide nerveux, de gélatine, de fibrine, d'albumine,
de liquides blancs et rouges, de nerfs, de vaisseaux,

de gaz, etc. Un corps la touche plus ou moins fort ; les gaz sont comprimés, les liquides repoussés, les solides rapprochés, de nouveaux rapports ont été instantanément établis ; par conséquent de nouvelles fonctions, par conséquent une nouvelle manière d'agir sur le cerveau, par conséquent un nouvel état dans cet organe, par conséquent une sensation.

Ce n'est point une fiction : ces alternatives ont lieu, la mollesse de nos tissus, les gaz, les liquides qui les composent, et surtout la nécessité d'être matériellement touché pour sentir, l'attestent irrévocablement ; la rapidité avec laquelle les nerfs remplissent la transmission des tissus au cerveau, atteste aussi que ces dérangemens, en apparence si légers, peuvent être très-appréciables ; pourquoi donc ne serait-ce pas les élémens de nos sensations ? pourquoi les nierait-on, quand on aperçoit qu'il n'y a pas jusqu'à la lumière qui ne doive être matérielle pour qu'elle nous devienne sensible ? Connaissonsnous rien qui ne soit matière ? et s'il en est ainsi, pourquoi une sensation ne serait-elle une modification de la matière elle-même ? Pourquoi des propriétés vitales, une sensibilité dont personne ne se rend un compte exact, irait-elle immatériellement s'exalter dans un point, diminuer dans l'autre, sans qu'on sache pourquoi ni comment ? Passons maintenant à la théorie de la douleur ; nos organes doivent être d'autant plus sensibles, qu'ils sont plus voi-

sins de l'état prescrit par la nature pour exercer cet
ensemble de fonctions qu'on nomme vie ; en effet, ce
n'est qu'alors qu'ils peuvent mieux être impressionnés
par des agens extérieurs, capables de leur faire revêtir l'état nouveau, dont nous avons dit que la sensation dépendait ; au contraire, qu'altérés dans leur
texture, ils se trouvent, à cet état, éloignés de l'équilibre, et qui constitue le cerveau à l'état souffrant ;
ils seront moins dans le cas d'éprouver, de la part de
l'agent extérieur, ces changemens d'état qui constituent les sensations, ou plutôt ils éprouveront ces
changemens ; mais, les éprouvant comme organes altérés, ils ne seront pas mis par eux dans l'état qui constitue la sensation exacte. Celle qu'ils enverront au cerveau, ne tiendra plus seulement de la nature de l'a-
gent, mais encore de l'état où était le tissu sensible ;
voilà pourquoi le tissu altéré n'envoie au cerveau que
de fausses perceptions ; et jamais, en supposant l'exaltation de la sensibilité, on ne rendra compte de ce
phénomène, à moins de supposer, avec Bichat, que
c'est un être variable dans tous les tissus, sans règles
ni lois qui lui soient propres ; mais cette brillante observation de l'auteur que je viens de nommer, prouve
que la sensibilité est une fiction considérée abstractivement ; au contraire, elle est une preuve irrécusable que chaque organe, lié au cerveau par les
nerfs, le modifie en raison exacte de l'état dans lequel il se trouve. Cette irradiation continuelle des

points du corps sur l'encéphale est prouvée par l'état moral, continuellement en rapport avec l'état physique, par la conscience de ses forces, le point de gravité, les besoins, les passions, etc. C'est dans l'habitude de ces impressions, qu'on trouve la raison de ce qu'elles ne sont pas aperçues ; mais aussitôt que l'état d'une partie change, alors il y a désaccord entre les perceptions reçues par le cerveau, et, par cela seul que deux sensations diverses arrivent différentes dans le point sensitif, elles sont jugées. Ce jugement est la conscience de la sensation; celle-ci est, ou agréable, ou nuisible, ou indifférente, et, je le répète, ce qui s'accorde assez avec l'intégrité, l'épanouissement ou l'altération du tissu qui envoie l'impression.

J'ai ailleurs parlé d'un fluide nerveux, mais cette théorie ne le dément pas, et c'est sans doute l'agent des rapports établis entre notre cerveau et nos organes; c'est parce que je suis persuadé que c'est matériellement que nos organes doivent être mus pour sentir que je ne doute pas que les nerfs ne conduisent un fluide vraiment matériel.

Bichat avait rémarqué que certaines parties qui, comme les os, les cartillages, sont en apparence dépourvues de nerfs, pouvaient cependant être douloureuses dans leur état maladif; de là, il avait conclu que chaque tissu avait une sensibilité propre, ce qui semblerait exclure l'opinion que j'émets sur le fluide nerveux ; il devrait en effet, étant toujours le même , occasionner toujours les mêmes sensations sous les mêmes influences, mais cette erreur n'est qu'apparente. Les sensations, la douleur, sont des états particuliers du centre sensitif, états dans lesquels il est mis par divers causes; le fluide nerveux paraît être la cause et le lien d'une perception, il est mu par le corps agissant et perçu par le cerveau. Pour recevoir l'impression d'une sensation quelconque, il faut que le cerveau envoie quelque nerf dans le point impressionné; celui-ci ne sent pas, il change d'état, agit sur le cerveau en raison de cette altération, et le cerveau est à son tour mis par cette action de l'organe dans cet état qui le constitue sentant. Qu'il y ait du rapport entre cet état et l'occasion externe qui l'y a amené par le moyen des sens, l'organe ne souffre pas, ne sent pas; il a des fonctions qui sont exactement en raison de l'altération qu'il a subie; il est dans une nouvelle condition de vie, mais éloignée de celle que nous nommons santé ; une de ses fonctions est d'agir sur le cerveau, et il la remplit, mais avec cette modification que lui imprime sa nouvelle manière d'être; cette action sur l'encéphale lui fait revêtir un état différent aussi de celui de santé , et ce nouvel état, cette nouvelle manière d'être, est ce que nous appelons douleur ; voici pourquoi chaque tissu est douloureux à sa façon, agissant à sa manière sur l'organe. Il doit même, éprouvant une altération analogue à celle d'un autre organe, imprimer son

cachet au changement d'état du cerveau en le constituant souffrant ; voilà pourquoi le phlégmon, la
pleurésie, l'entérite ont une manière de l'affecter qui
leur est propre ; cependant, si l'altération de l'organe est telle que, quel que soit son tissu primitif, il
soit réduit à un état parfaitement identique par
l'état maladif, la douleur sera pourtant la même,
comme on l'observe dans le cancer, et ce fait appuie encore ma théorie. Deux organes cancéreux ne
diffèrent point entr'eux ; ils doivent donc avoir les
mêmes fonctions vitales, quelle qu'ait été leur dissemblance antécédente ; et s'ils les ont, ils doivent agir
de la même manière sur le cerveau : donc l'état du
cerveau constitué souffrant doit être le même. Ce
n'est qu'en changeant matériellement les uns et les
autres, soit en se combinant avec eux, soit en les
frappant d'une certaine façon, que je crois qu'il
puisse les mettre dans cet état que nous nommons
sentir ; la sensation n'est à nos yeux qu'un état nouveau de l'encéphale, mu par un corps, ou combiné
matériellement avec lui. Cabanis l'a déjà dit, on ne
peut guères supposer qu'il n'y ait pas action et mouvement du cerveau qui perçoit ou qui réagit ; les
expériences de Legallois prouvent jusqu'à l'évidence,
que nos organes intérieurs sont liés au systême nerveux ; eh bien ! pourquoi, au lieu d'admettre que
c'est le cœur qui sent l'abord du sang, ne recevrait-
on pas que cet abord imprime à l'organe un nouvel

état? Il n'y a pas de doute, s'il agit sur le cerveau, comme le courage que donne un gros cœur le prouve ; s'il agit sur le cerveau, dis-je, le nouvel état doit être instantanément senti ; le point sensitif qui communique avec l'organe contractile est mu ; ce mouvement le met lui-même à l'état propre à réagir sur le cœur, qui revêt lui-même, une nouvelle texture dont le propre est la contraction qu'il observe. M'opposera-t-on que le cœur arraché bat encore ? Mais il lui reste des nerfs, et en tant que similaires au cerveau, ils remplissent les mêmes fonctions, et l'air qui frappe le cœur et mille autres agens qui remplacent le sang d'une manière bien plus puissante, peuvent bien mettre le cœur dans cet état qui le fait réagir sur les nerfs, et être à leur tour placés dans celui qui les fait réagir sur le cœur pour qu'il revête la contractilité. Je ne doute presque pas, en effet, que cette fonction de la matière ne soit due à un état actuel de la matière qui l'exécute, état qu'elle ne peut revêtir que par un changement dans sa structure intime ; déjà on a voulu les expliquer par une combinaison chimique du carbone, du sang avec la fibrine ; quelques faits semblent autoriser l'explication ; mais de ce qu'elle est encore au-dessus de nos efforts, s'ensuit-il qu'elle n'existe pas ?

Jamais nous ne nous rendrons raison du phénomène de la vie, si nous la considérons, abstraction faite de la matière ; et je crois ceci suffisamment démontré partout ce qui ce précède. Si donc toute action dépend du nouvel état de la matière, il n'est pas une contraction, un sentiment le plus léger qui ne suppose un état nouveau des organes; quelle rapidité cela ne suppose-t-il pas à ce fluide qui en est l'agent? et qu'y a t-il de surprenant à ce que, bien que matériel, il se dérobe à nos moyens cohersifs? Aussi, le cœur qui reçoit le sang n'est pas le même que celui qui se contracte sur lui; le cerveau qui a la sensation de la douleur est dans un état différent de celui qui a la sensation du plaisir. Ceci me conduit à considérer que cet état de la pulpe nerveuse est le seul qui soit avec conscience; le cœur ignore qu'il est touché par le sang, le cerveau n'ignore pas qu'il reçoit une irradiation du cœur, l'habitude seule la lui dérobe; mais qu'une altération quelconque se développe dans le viscère contractile, cet état nouveau sera ressenti par le cerveau qui a conscience dès qu'il y a dissemblance entre les sensations habituelles et les sensations extraordinaires. Cela nous conduit peutêtre à la théorie de la sensibilité animale et de la sensibilité organique; remarquons qu'il n'y a de sensibles que les parties où les nerfs sont touchés immédiatement; ainsi, l'œil, l'oreille, la bouche, les fosses nazales, la peau, offrent aux agens extérieurs leurs nerfs à nud; c'est sur eux que ces agens vont imprimer la sensation, le fluide nerveux est mis en jeu; l'état de l'encéphale est changé; la conscience a lieu. Au contraire, quoi qu'on en ait dit, jamais on n'a démontré de papilles nerveuses dans les parois de nos viscères, dans leurs canaux circulatoires, dans les aréoles du tissu lamineux, ni dans celles du parenchyme ; voilà pourquoi la circulation, la nutrition, la digestion se dérobent à nos sens. Mais, dira-t-on avec Bichat, que la sensibilité organique devient animale quand elle s'exalte ? Mais ce ne sont point des sensations qu'on éprouve alors, ce sont des douleurs, et la douleur et la sensibilité ne devaient pas être confondues. Le cerveau alors est mis par l'organe dans un état si différent de celui où tendent à le maintenir tous les viscères restés intègres, qui s'aperçoit de ces deux forces qui tendent à lui imprimer un sens contraire, et que de là naît la conscience, qu'avant la similitude de toutes leurs sensations, leurs concours simultané et harmonique lui laissait ignorer. Je sais bien qu'ici je deviens obscur : on ne conçoit pas que la conscience de sa douleur puisse naître d'un état forcé, mais c'est un de ces faits primitifs vers lesquels l'esprit humain ne saurait remonter, et c'est assez, ce me semble, d'avoir reculé jusque-là, la théorie de la douleur et de la sensiblité animale et organique.

Les preuves que douleur et sensibilité diffèrent, c'est que les tissus les plus sensibles ne sont pas toujours les plus douloureux lorsqu'ils sont malades ; cependant c'est le plus ordinaire : mais cela tient à ce que le grand nombre de nerfs offre à la communica-

tion vers le cerveau , un accès facile ; c'est que souvent la pression n'augmente pas les douleurs très-
aiguës que fait éprouver un organe : il n'est donc pas
alors dans un état de sensibilité plus grand qu'en
santé. Je conviens que le plus souvent un organe très-
douloureux est aussi très-sensible ; mais qu'on réflé-
chisse que nos tissus pouvant , avant d'être hors des
conditions de la vie , passer dans une infinité d'états ,
soit relativement à leurs principes , leurs rapports ,
leurs proportions , on verra qu'une addition de calorique , par exemple , peut constituer à l'état maladif
un organe qui , réagissant sur le cerveau , le mette à
l'état souffrant ; tout excès d'un autre principe de
nos organes en le sortant de cette condition de la vie ,
qu'on appelle santé , produira le même effet : or , si
l'on admet que le fluide nerveux soit un de ces principes, si l'on admet qu'il puisse pécher par excès ou
par défaut , il arrivera qu'outre que la partie sera
hors des conditions de la santé , et que par conséquent
elle agira sur le cerveau ; en outre , dis-je , que le
tissu altéré sera aussi plus sensible , absolument de
même qu'un tissu pénétré actuellement de calorique
en excès, est chaud en même temps qu'il agit sur le
cerveau , et le met dans cet état qui constitue la douleur.

Il y a deux conditions extrêmes au-delà et en-deçà
desquelles la vie ne saurait se développer si l'affection
n'est que locale : il y a gangrène , elle est dite par

excès quand les conditions de la vie sont dépassées ,
par défaut quand elles ne sont pas atteintes ; mais
ce ne sont pas , comme on le dit , les propriétés vitales qui augmentent ou diminuent, ce sont ces tissus;
c'est la matière qui revêt de nouvelles fonctions en
passant à des états divers , jusqu'à ce qu'elles soient
sorties des lois de la vitalité.

Il est des circonstances où les hypothèses adoptées
sur les propriétés vitales peuvent être nuisibles : ainsi ,
quand il y a douleur, on y voit la sensibilité exaltée,
et cependant combien de douleurs par débilité ; la
douleur n'est , je le répète, que la manière de sentir
du cerveau mis dans un état quelconque par un organe altéré lui-même , de sorte qu'il peut y avoir
douleur dès qu'il y a altération , sans que ce soit
plutôt en plus qu'en moins. On peut en dire autant
de la rougeur ; un tissu peut être plus rouge , et cependant être débilité ; en effet, si un tissu est rosé
dans l'état habituel, il rougit lorsque le sang y est
disproportionément accumulé ; cette accumulation
peut se faire de deux façons, ou parce qu'en effet le
liquide sanguin est en quantité plus grande , ou parce
qu'il est resté le même , les autres principes propor-
tionnellement diminués ; et ici , bien qu'il y ait faiblesse, il y a rougeur ; il peut aussi y avoir tuméfaction, car des tissus affaiblis résistent moins à la
tension du fluide qui les parcourt ; si la chaleur n'est
pas non plus diminuée en proportion des autres

principes, elle se trouvera aussi en excès dans un tissu diminué. Voilà donc un cas où il y a douleur, rougeur, chaleur, tuméfaction, causées par asténie ; qu'on définisse donc à présent l'inflammation : mais revenons à la douleur.

Quelle est à présent la différence entre la sensation apportée par les sens et celle apportée par un organe altéré dans sa texture ? Nous l'ignorons. Dans toutes deux, il y a nouvel état de l'organe influencé et nouvel état du cervéau ; mais en quoi consistent ces états nouveaux ? C'est ce que nous ignorons. Quel rapport y a-t-il entre tel état du cerveau et le sentiment fâcheux que nous appelons douleur ? Nous l'ignorons encore, ou tel état indifférent ou agréable, déterminé par une sensation. Ce que nous savons, ce qu'il était important de déterminer, c'est que 1°. tous ces organes correspondent avec le cerveau ; 2°. que celui-ci réagit sur eux ; 3°. qu'il ignore les divers états dans lesquels il est à chaque instant placé par chacun des organes avec lesquels il est lié ; 4°. qu'il s'en aperçoit dès que l'influence cesse d'être habituelle, ce qui le constitue dans un état qu'on appelle malaise ou bien-être ; 5°. qu'il y a encore des états indifférens, dont pourtant il a conscience, états qui constituent les sensations et qui ne lui arrivent que des parties où les nerfs sont immédiatement frappés ; 6°. que cette faculté pourrait bien se rapporter à ce que nous avons dit de l'habitude pour les sensations douloureuses organiques, et qui ne méritent pas le nom de produit de la sensibilité. En effet, si l'œil, l'oreille, etc., envoient au cerveau des sensations dont il ait conscience, c'est parce que chaque impression est une modification nouvelle de leur texture, et qu'en tant qu'exaltée, nous avons vu qu'une sensation était perçue. Ce fait est presque prouvé par la facilité avec laquelle on cesse d'entendre un son, d'apercevoir une couleur, qu'on a trop long-temps senti ; 7°. enfin, que tous les états de la matière paraissaient exiger un agent matériel que nous avons nommé fluide nerveux et qui paraît n'avoir pas pour preuve unique de son existence la nécessité de l'admettre. Quelqu'un qui conçoit que des milliers de rayons sonores ou lumineux, semblent s'entre-croiser en mille sens, sans se nuire réciproquement et avec une rapidité que l'imagination étonnée ne peut mesurer, ne sera sans doute pas surpris qu'un physiologiste fasse jouer un fluide qui parcourt les nerfs, tous les rôles attribués à des lois vitales que personne ne comprend, à une sensibilité abstraite et immatérielle, aussi inconcevable qu'inaperçue.

Non, la sensibilité n'existe pas, si on en fait un être consciencieux, raisonné, qui perçoit, combine ses perceptions et commande ensuite à la contractilité d'agir ; mais elle existe, si on la considère comme la faculté qu'ont tous les corps d'être modifiés les uns par les autres, à distance ou au contact, et de

revêtir

revêtir des propriétés nouvelles qui deviennent apparentes pour nous dans deux circonstances : la première , c'est de se mouvoir dans un sens déterminé ,
et cela constitue la contractilité ; la seconde , d'avoir
conscience de son propre état. Je demanderai à ceux
qui m'interrogeront sur ce que c'est que la conscience qu'a la matière de son état : Qu'est-ce que c'est
que la matière ? Et jusqu'à ce qu'on m'ait prouvé
qu'elle n'est pas de nature à revêtir cette propriété ,
j'y croirai ; car toute propriété nouvelle est développée par un changement d'état , tout changement
est provoqué par un corps ; et, par conséquent, un
agent qui nous touche , ne pouvant qu'imprimer une
modification à l'organe , je conclus que toute nouvelle propriété développée en est la conséquence ;
ces conséquences sont , comme je l'ai dit, le mouvement et le sentiment.

Dans la paralysie , le cerveau seul est affecté ;
alors pourtant le tact se perd, la peau est dans son
état d'intégrité , les nerfs ne sont pas altérés, ils sont
modifiés par les corps ; le fluide nerveux, s'il existe ,
est mis en jeu, et pourtant la perception n'a pas lieu ;
c'est que le cerveau est maintenu, malgré les efforts
du fluide dans le même état , par la cause morbide.
On peut donc dire que la sensibilité est la faculté
qu'a un corps d'être averti de la présence d'un autre ,
et que cette connaissance est due à une véritable modification du corps sensible , par le corps impression-

nant que celui-ci a une véritable action matérielle et palpable; qu'enfin, la conscience qu'en a le cerveau, peut être réduite à la connaissance de l'état actuel de toutes les parties du corps ; de sorte qu'une sensation nouvelle, qui n'est que la conscience de l'état nouveau dans lequel se trouve le tissu impressionné à chaque instant, la nutrition doit donc envoyer au cerveau de tous les points du corps, le sentiment de l'état toujours nouveau des organes, et c'est ce qui a lieu en effet. Il ne faut que s'observer dans une heure d'un calme parfait, pour s'apercevoir qu'un instant diffère de l'instant précédent pour le sentiment qu'on a de ses forces, de ses dispositions à agir, etc. Mais d'où vient donc que nous n'apercevons pas moralement ce genre de sensations internes ? De ce que le cerveau n'a qu'une sensation unique, et qu'il faut qu'elles soient deux pour qu'il en ait conscience. En effet, vivre et sentir n'est qu'un ; par cela seul donc que le cerveau vit, il doit sentir. Or, ces sensations sont de deux ordres : en tant que tissu, il sent le sang qui le parcourt ; en tant qu'organe, il sent toutes ces irradiations que lui envoient tous les points du corps, ces sensations se confondent avec son être ; elles en sont l'élément, comme l'abord du sang est l'élément de sa vie végétative. Il ne doit donc pas s'en apercevoir ; mais dès qu'un des points sensibles est mis par l'influence d'un corps dans un état peu ordinaire, le cerveau a conscience de cet état ; mais cet état diffère de l'état des autres organes. Voilà donc deux sensations différentes ; par cela seul qu'elles sont différentes, il les sent différentes ; elles sont donc jugées telles. Mais nous avons dit que toutes celles habituelles se confondaient avec le sentiment de son être propre ; la nouvelle qui fait exception ne s'y confond pas, puisqu'elle en diffère. Il doit donc en avoir conscience. Voilà ce que c'est qu'une sensation ; et je ne doute pas que nos douleurs internes, nos chatouillemens, nos prurits, frémissemens, etc., ne soient dus à cette source.

Les corps qui nous communiquent des sensations, ont sur nous trois modes d'action, dont le résultat est toujours un changement d'état passager dans le tissu qui perçoit : 1°. il dérange quelques molécules et les met entr'elles dans de nouveaux rapports. Telle est la manière d'agir des corps solides que nous palpons, et peut-être de la lumière sur la rétine qui exerce un véritable toucher, du son sur l'ouïe qu'il fait vibrer, et, par conquent, changer d'état. 2°. Le sujet de la sensation peut encore agir, en soustrayant un principe ; soit le calorique, et alors nous éprouvons la sensation du froid ; soit de l'humidité, et alors nous éprouvons la sensation du sec. 3°. Enfin, la cause des sensations peut agir, en ajoutant un nouveau principe, soit celui de la chaleur, soit celui de l'humidité. Or, certes, dans ces trois modes d'action, il doit y avoir changement d'état dans la partie qui les éprouve. M'observera-t-on que pourtant nos organes ne sont pas décomposés après avoir beaucoup senti ? Ce qui semblerait supposer qu'ils n'éprouvent pas ces soustractions, ces adjonctions ou ces changemens d'état par compression. Il faut faire attention que ces changemens très-passagers sont aussitôt réparés par la tendance qu'a tout organe à revenir à son état primitif ; il faut ensuite remarquer qu'il est autour de nos organes des corps, qui, pour n'en faire pas essentiellement partie, sont cependant un élément de leur état actuel, et qui peuvent être impunément soustraits, sans aucun danger pour la vie de l'organe ; mais qui ne peuvent pas l'être, sans qu'il ait changé d'état, et, par conséquent, sans qu'il en soit résulté une sensation. Ainsi, par exemple, l'humidité qui baigne la cavité buccale ne fait pas partie essentielle des membranes qui la tapissent ; et cependant essuyez avec un linge sec un point de sa surface, et jusqu'à ce que l'espèce de rosée qui la couvre s'y soit de nouveau étendue, vous éprouverez une sensation particulière que nous nommons sécheresse, et qui n'est que la soustraction d'un principe ; il en est de même du froid dont la sensation reste dans le tissu jusqu'à ce que le sang et sa caloricité propre ayent restitué une chaleur de trente-deux degrés. Il est des sensations qui ont à la fois les trois modes d'action que je viens d'indiquer ; ainsi, l'eau agit, en comprimant, en mouillant et en soustrayant ou ajoutant du calorique,

suivant qu'elle est chaude ou froide. — J'ai une remarque à faire au sujet de l'impression du calorique.
On éprouve la sensation de chaleur, lors même que
le corps, en contact, est encore à une température
au-dessous de la nôtre, et que, par conséquent, il
nous soustrait encore du calorique ; mais dire que la
sensation de la chaleur est l'addition du calorique ,
dire que la sensation du froid en est la soustraction,
c'est perpétuer une erreur. Notre corps change d'état,
c'est vrai , à mesure qu'on lui soustrait ou ajoute de
ce principe ; mais les sensations , froid et chaud , ne
correspondent pas aux effets physiques , soustraction
et addition ; nous éprouvons le chaud long-temps encore, avant que l'air nous cède du calorique ; au contraire , il nous en soustrait. Oui ; mais à mesure qu'il
approche plus de son point de saturation , il nous en
soustrait moins, et c'est cette diminution de soustraction qui cause, dans nos organes , la sensation de
la chaleur.

Mais à quel degré correspondent à peu près ces sensations, froid et chaud? Au quatorzième de Réaumur
et au-dessous, les corps nous en soustrayent assez ,
pour nous refroidir au-dessus ; ils nous en soustrayent
trop peu, pour qu'il ne nous en reste pas comme en
excès.

Voici les preuves que les sensations , froid et
chaud, sont dues à cette soustraction. 1°. Quatorze
degrés ne sont point tempérés pour les individus fai-

bles qui n'ont point de quoi fournir à la soustraction qu'ils éprouvent ; au contraire, cet état de l'air est chaud pour celui dont la vie, en excès, lui fournit une abondante chaleur. 2°. En hiver, on doit manger davantage, agir plus, prendre des excitans pour stimuler la production de la chaleur, et se maintenir en équilibre, malgré la soustraction énergique que fait l'atmosphère. 3°. Un endroit habité est d'autant plus chaud, qu'il contient plus d'êtres vivans et que son air est moins souvent renouvelé. 4°. Les vieillards, dont la vie languit, sont presque toujours dans un continuel frisson.

Je suis donc en droit de conclure contre l'opinion de M. Barbier, que les sensations de la chaleur sont dues à une véritable soustraction ou addition de principe, et non pas à une impression particulière qui en soit indépendante, et n'agisse que comme corps tangible.

Maintenant égarons-nous un peu dans le vague des suppositions, et voyons ce qui serait résulté, si la nature avait arrangé nos tissus, de manière qu'ils ne sentissent le chaud et le froid, que lorsqu'il y aurait véritablement addition ou soustraction de calorique, au point d'équilibre entre les corps et nous. 1°. La soustraction se faisant jusqu'à ce qu'il y ait trente-deux degrés, nous aurions passé la plus grande partie de notre vie à grelotter, et la chaleur ne serait pas plutôt devenue supportable, que nos organes

épanouis, dilatés par une chaleur de trente-deux degrés, seraient tombés dans une exubérance d'action,
dont les sueurs, les diarrhées bilieuses et muqueuses
excessives, auraient été les résultats funestes. Nous
pouvons donc éprouver une soustraction considérable de calorique, sans être affectés désagréablement,
ni même sans paraître éprouver la moindre perte apparente, et cependant la soustraction est évidente.
Nous sommes donc des foyers continuels de chaleur ;
elle se produit en nous, comme d'une source féconde.
On a en vain cherché à établir en quelle proportion
l'élaboration nutritive pouvait en retirer de nos alimens ou même de l'air que nous respirons ; il fallait
toujours en revenir à restituer aux excréta autant de
calorique qu'en avaient apporté les ingesta ; d'ailleurs,
ce ne sont pas les plus grands mangeurs qui ont le plus
chaud. Je connais une petite bossue affectée de bou-
limie, dont la poitrine dilatée accidentellement admet beaucoup d'air, et qui pourtant est toujours aussi
refroidie que le sont les individus faibles et cacochi-
mes comme elle. Une infinité de faits physiques prouvent en faveur de l'opinion que la chaleur est une
propriété des corps, et je crois que les corps vivans
jouissent au plus haut degré de cette propriété.

M. Barbier opposera-t-il à mon opinion que le froid
et le chaud n'agissent que sur les surfaces extérieures ; mais voici à quoi cela tient : cette surface est
la première attaquée, de sorte qu'en vain elle em-

prunte du calorique aux parties sous-jacentes; une nouvelle soustraction la réduit à son nouvel état.

Si, après cela, il est vrai que, puisque la surface extérieure emprunte du calorique aux parties sous-jacentes, celles-ci devraient, puisqu'elles perdent du calorique, faire éprouver la sensation du froid; mais Bichat a prouvé que chaque tissu avait sa manière de sentir : ainsi la peau fait éprouver le froid, parce que nous nommons froid la sensation qu'elle apporte au cerveau, quand son tissu est privé de calorique. La soustraction du même principe fait éprouver une autre sensation dans les muscles; ainsi ils deviennent rigides et comme plus pesans. Dans les nerfs, cette sensation cause un sentiment que nous nommons engourdissement.

Combien ces rapports entre notre manière de sentir et la manière de sentir du thermomètre, prouvent qu'une sensation n'est pas, comme on le croit, une simple impression sur un tissu sensible, sans qu'il y ait changement d'état du corps qui perçoit : mais bien une véritable modification de corps impressionnés par le corps impressionnant, soit qu'ils éprouvent une sorte de combinaison, soit que les rapports des molécules du premier soient changés par l'impression que fait sur elle la surface du second. Les corps vivans sont de véritables thermomètres dont la sensibilité tient la place de la dilatabilité; ce sont des propriétés très-différentes. Est-il donc étonnant qu'elles

ne soient pas d'accord sur le degré de température.
D'après tout ce qui précède, ne pouvons-nous
pas conclure que la douleur et les sensations sont des
états propres au cerveau, états que lui apportent les
nerfs, influencés eux-mêmes par un organe placé
dans un état récent d'altération quelconque. Voilà
sans doute ce que c'est que la sympathie : nous ne
pouvons pas assurer, par exemple, que tel tableau
qui s'offre à nos yeux est ce qu'il nous paraît ; mais
nous pouvons assurer que la lumière qu'il nous envoie met notre cerveau dans un état qui constitue la
sensation rapportée à l'objet qui en est l'occasion. S'il
est des cas où l'obésité du sentiment est tel que
les sensations sont à peine senties, il est peut-être
aussi des cas où le cerveau ne sera pas mis dans cet
état qui constitue la douleur, quoiqu'un organe affecté tende à l'y mettre, au moyen des nerfs qui les
lient ; et ce sera là le cas d'une douleur latente. La
preuve que cela se passe ainsi, c'est que la préoccu-
pation fait oublier la douleur ; alors le cerveau per-
siste dans l'état dans lequel il se trouve, et son changement ne pouvant avoir lieu, il n'est pas constitué
souffrant. La douleur n'est pas un être ; le cerveau ne
peut pas la recevoir, la contenir, en être touché ; la
douleur ne peut donc être qu'un état du cerveau, et
la bienveillante nature paraît avoir fait coïncider cet
état avec toute condition de l'organisme qui peut
nuire aux fonctions intègres de la vie. Chaque sen-

sation agréable ou indifférente n'est pas non plus un être palpable, c'est une modification de l'être ; tous nos sens, tous nos organes, sont des corps exposés à voir, à chaque instant, leur composition intime changer dans leurs rapports ou dans les proportions de ces principes, par de nouvelles combinaisons des agens extérieurs qui viennent les frapper. Si les corps agissaient d'une manière occulte, il suffirait qu'ils fussent présens, qu'ils existassent autour de nous, pour nous modifier. Ainsi, l'eau même, dissoute dans l'air, nous rendrait muqueux et blafards ; mais, au contraire, ces corps n'agissent sur le nôtre que d'une manière palpable, soit en s'y combinant chimiquement, soit en le comprimant physiquement. Ainsi l'humidité que contient l'air n'a d'action que quand ce véhicule, ne la retenant plus combinée, lui permet d'obéir à des affinités nouvelles ; sentir n'est donc proprement dit qu'éprouver une modification dans sa texture, et agir en raison des propriétés nouvelles attachées à l'état récemment revêtu. Quand nous avons touché un corps qui nous a fait une forte impression, sans pourtant qu'il paraisse avoir en rien altéré le tissu, pourquoi, long-temps après encore que le contact a cessé, éprouvons-nous la même sensation, et croyons-nous encore le corps présent, si nous voyons qu'il n'est plus à portée d'agir ? C'est que la sensation qu'il a produite était une véritable modification du tissu, et que la sensation a duré tant que le tissu est resté

dans l'état où l'avait mis le stimulant. Que la lumière, par exemple, vienne, ou se combiner à la rétine, ou lui occasionner un ébranlement quelconque,
il est certain que la membrane change d'état à chaque nouveau rayon lumineux qui la touche ; elle se
continue avec un nerf, qui transmet au cerveau ce
changement rapide ; l'organe impressionné change
lui-même, et, si nous n'allons pas au-delà de ce que
nous démontrent nos sens, ce changement, précédant
constamment la sensation, nous dirons qu'il la constitue, sans nous inquiéter du comment. Quelle belle
occasion de faire apercevoir combien est imaginaire
la liberté de notre volonté ! Combien il serait facile
de prouver que l'action des corps vivans est en raison
nécessaire de l'état du cerveau, et celui-ci en raison
exacte des changemens matériels qu'y apportent nos
sensations ! Mais ce serait sortir du domaine de la
physiologie. Hobbes, Libbes, Loke, immortels écrivains, je devais avant méditer vos sublimes ouvrages,
et me hasarder ensuite dans cette route si belle, si
peu battue de la science de l'homme.... Mais je dois
ignorer de si douces jouissances.

Mais les changemens d'état du cerveau ne peuvent
pas s'être faits sans un agent physique ; nous avons
vu qu'ils pouvaient se faire à distance entre les corps ;
mais l'espace trop considérable qui existe entre nos
organes et le cerveau récuse cette explication ; à
quoi d'ailleurs serviraient les nerfs ? Les physiciens

ont admis le fluide électrique pour se rendre compte des phénomènes qui résultent de l'action des corps les uns sur les autres ; pourquoi ne les imiterait-on pas ? En supposant le fluide nerveux, dont mille faits, d'ailleurs, semblent prouver l'existence, en même temps qu'ils attestent une analogie frappante entre lui et le fluide électrique :

1°. Le fluide galvanique donne quelquefois naissance, par son seul contact avec quelques substances aqueuses, à ces animaux microscopiques appelés infusoires ; elle ne paraît avoir, pour cela, que doué la matière de sensibilité, ou plutôt l'avoir pénétrée de fluide nerveux, en quantité suffisante pour qu'elle entrât dans les conditions de la vie ; et on doit se ressouvenir ici que nous avons prouvé, à l'aide du calorique et de la lumière, qu'un principe pouvait à la fois être matière et propriété ; 2°. la pile galvanique a une action d'autant plus énergique, que le liquide qui l'inonde est saturé de sel ; or, n'est-il pas digne de remarque que les liquides animaux, qui revêtent les surfaces destinées particulièrement à être en rapport avec les corps extérieurs, et nous transmettent des sensations, tiennent aussi des sels en dissolution ; tels sont la sueur, les larmes, le mucus nasal, la salive, etc. Je citerai, à l'occasion de cette dernière, l'observation suivante : Ayant bu par mégarde dans un verre où une personne, douée du prototype des tempéramens nerveux, venait aussi de boire, je trouvai au bord du vase une saveur salée très-notable ; j'en attribuai la cause à la salive dont il est resté imprégné. De nouvelles expériences plus précises ne me permirent plus de douter de ce fait, et je ferai observer que la personne était à jeûn ; peut-être que pendant une attaque d'épilepsie, la salive du malade est plus salée.

Il y a probablement entre les usages de ces liquides, de la pile et de nos organes, des rapports qui feraient supposer de l'analogie entre les sensations perçues par les nerfs, et les effets du galvanisme. Qui ignore que l'agent physique a, dans les nerfs, de très-bons conducteurs ? Bien plus, qu'il provoque la contractilité musculaire, même après la mort ? Lors de l'émission séminale, ne dirait-on pas que la sensibilité est comme un fluide attiré dans le corps qui va s'échapper ? On ne peut pas mieux comparer le sentiment qu'on éprouve alors, qu'au fluide électrique attiré vers un pôle ; et, nouvelle analogie, c'est le frottement qui les développe tous deux. Nous sentons diminuer notre sensibilité dans toutes les autres parties, en raison de l'accroissement qu'elle prend dans les organes génitaux ; l'affaissement qui suit n'est pas à beaucoup près proportionnée à la perte matérielle d'un principe incohersif. 5°. On a cru trouver dans l'analyse chimique du sperme sa propriété fécondante ; c'est dans le fluide nerveux qu'il fallait le chercher ; ce principe s'y accumule pendant le coït, et c'est quand il en est saturé qu'il est chassé des vésicules avec énergie. Ce fluide passe dans l'ovule ; dès-lors un petit être, esquisse d'un être semblable à nous, et auquel il ne manquait peut-être que ce principe pour avoir sa vie propre ; la sensibilité est mise en jeu par l'action matérielle des corps, et si ce n'était qu'une propriété, les corps n'auraient pas prise sur elle. 4°. La rupture d'un nerf, outre qu'elle interrompt la communication du cerveau, ralentit la nutrition de la partie où il se distribue ; cela semblerait prouver que la matière a besoin, pour se développer, de recevoir une quantité plus considérable de fluide nerveux qu'elle ne peut en produire ; et, dans cette hypothèse, le cerveau serait l'organe le plus propre à en opérer la secrétion. N'est-il pas en effet une analogie très-grande entre la texture, la consistance, la couleur, et surtout la saveur de la pulpe cérébrale et des testicules, ainsi que de la laite des poissons ? C'est, en outre, dans ces parties, que les chimistes ont rencontré plus de phosphore. 5°. On a beaucoup parlé de la réaction du systême sanguin, après une cause passagèrement cédative ; nul auteur, que je ne sache, si ce n'est M. Dubois, n'a fait mention de la réaction du systême nerveux ; pourtant beaucoup d'affections nerveuses, aiguës en apparence, qui succèdent à une affection morale comme la terreur souvent suivie de convulsions, ne paraissent pas être autre chose ; des convulsions encore succèdent souvent à la syncope ;

mais des exemples bien plus simples nous donnent la preuve de cette réaction : qu'est-ce autre chose en effet que ces douleurs lancinantes qui se font sentir dans les nerfs des orteils affectés de *durillons* ou de *cors ?* C'est souvent lorsque nous ôtons une chaussure qui les comprimait ; les nerfs étaient engourdis ; devenus libres, ils recouvrent leurs fonctions après une réaction assez énergique. On pourrait croire, il est vrai, que c'est le retour du sang qui cause la douleur ; mais il faudrait, pour cela, qu'elle fût isochrone au battement des artères, et cela n'a pas lieu. 6°. La mort d'inanition prouve évidemment que la chaleur du corps humain n'est pas un produit de la nutrition; alors, en effet, la prostration est extrême, et pourtant la chaleur ne diminue pas en proportion, ce qui aurait lieu si la chaleur était le produit de l'assimilation ; mais ce n'est pas là où je voulais en venir : cette chaleur qui n'est pas augmentée, paraît extrême ; la salive est âcre, la bile caustique, les urines brûlantes ; on éprouve dans l'estomac un sentiment d'érosion. Je veux bien croire que la trop grande animalisation entre pour beaucoup dans ce phénomène ; mais certes la sensibilité exaltée y joue aussi son rôle. Combien ne devient-il pas probable que le fluide nerveux est en effet principe constituant de notre corps ? Ne semble-t-il pas devenir en excès ici, à mesure que les proportions de la matière y étaient combinées, diminuent ? 7°. Si le soulagement suit de près l'ingestion

des alimens , c'est peut-être que la matière alimen-
taire se sature du fluide surabondant. 8°. Si le bain
appaise l'excitement de l'inanition , c'est peut-être
moins parce que l'eau est absorbée, que parce qu'elle
est conducteur du fluide nerveux ; je suis d'autant
plus porté à le croire, que le bain est très-avantageux
dans toutes les affections spasmodiques. On dit qu'il
est cédatif de la sensibilité ; mais qu'est-ce que c'est
que le cédatif d'une propriété ? 9°. Les morts , par
excès de plaisir, par excès de douleurs morales, sont
bien indépendantes de l'organisation palpable , mais
ne prouvent-elles pas qu'un principe est alors , ou
soustrait, ou en excès, et que, dans cet état, la vie
ne saurait se continuer ? 10°. M. Dupuytren nous a
dit avoir vu des malades mourir épuisés de douleurs,
comme on serait mort d'hémorragie , bien qu'ils
eussent peu perdu de sang. 11°. Qui oserait affirmer
que le vieillard qui couche avec des jeunes gens , ne
retire , de cette incubation , que du calorique ?

S'il en était ainsi , toute autre chaleur ne lui ferait-
elle pas autant de bien ? La lactation n'a pas , pour
l'enfant, que l'avantage de le nourrir ; sa mère semble le pénétrer de vie en le pressant contre le sein qui
l'a porté : pourquoi encore une chaleur étrangère ne
serait-elle pas aussi favorable ? 12°. Est-ce que des
vers, qui n'existent que dans les intestins des animaux ,
ne pourraient pas encore être apportés en preuve de
l'existence du fluide nerveux , qui serait passé dans

la

la muquosité secrétée par l'intestin ? Cette opinion prendra une nouvelle force , si on fait attention que les enfans , sujets infiniment nerveux, sont le plus souvent affectés de vers ; que les symptômes nerveux, dans la fièvre muqueuse , sont des indices presque certains de l'existence de ces animaux , qui sont peut-être moins la cause que l'effet des phénomènes qui les décèlent ; je ne sache pas , en effet , qu'on ait observé des vers chez ces individus gorgés de muquosités , dont l'apathie atteste l'insensibilité ; dans ce cas ce n'est pas la matière qui manque au développement des insectes parasytes , mais bien peut-être le fluide nerveux. Les chiens , dont le caractère atteste la prédominance nerveuse , sont , de tous les animaux, les plus fréquemment affectés de vers ; j'ai eu souvent lieu de m'en convaincre en répétant les expériences de nos grands maîtres : il n'est pas rare d'en rencontrer dans le canal digestif de quelques oiseaux , et surtout de ceux qui sont atteints d'épilepsie. 13°. Les commotions morales épigastriques ne font-elles pas absolument l'effet que produirait un fluide qui traverserait rapidement les organes qui les éprouvent ? J'ai pu trop souvent m'en convaincre par moi-même ; ce sentiment n'est jamais accompagné de mouvemens musculaires auxquels on pourrait attribuer une sorte de commotion ; serait-ce donc un effet du fluide nerveux ? M. Alibert, dit (Matière médicale, 2°. v., p. 12) que nos raisonnemens n'établissent pas ce

fluide, parce que, s'il circulait dans les canaux nerveux, et qu'il eût l'extrême ténuité qu'on lui attribue,
il s'échaperait nécessairement à travers leurs tissus.
En effet, dit-il, l'eau vaporisée pénètre toutes les
parties de notre corps, et même les pierres les plus
dures. Je n'opposerai pas à M. Alibert que la sérosité
des plèvres, du péritoine, etc., bien que souvent à
l'état de vapeur, ne traverse pas ces membranes. Bichat, qui l'a fait avant moi, attribuait à la vie cette
résistance ; il avait raison s'il regardait la vie comme
le résultat des forces que revêt le tissu en raison de
sa composition, et comme le résultat d'une sensibilité, d'une contractilité très-développée ; mais ces
raisonnemens subtils n'équivalent pas à l'histoire des
faits, et si le fluide électrique parcourt les nerfs
par la seule affinité qu'il a pour ces conducteurs,
pourquoi n'en serait-il pas ainsi du fluide nerveux ?
14°. On observe que la maigreur expose aux affections nerveuses : ce n'est pas, comme on l'a dit gros-
sièrement, que la graisse, en enveloppant nos nerfs,
émousse leur sensibilité. Quelque maigre qu'on soit,
ces cordons sont plongés dans les mêmes milieux, et
les agens externes ne vont pas plus les atteindre à
travers des membres décharnés, qu'à travers ceux
qui sont rebondis ; d'autre part, jamais la graisse ne
s'interpose entre les papilles chargées des perceptions
répandues sur les surfaces cutanées et muqueuses ; de
sorte que, dans ce sens, la graisse n'aurait nulle influence sur le plus ou moins d'impressionnabilité ;

mais elle cause l'obésité par son accumulation , ou les affections spasmodiques quand elle manque, parce qu'elle est en moins dans l'économie qu'elle diminue rarement seule. On ne perd pas seulement sa graisse quand on maigrit, on perd de la gélatine, de la fibrine, de l'albumine : si l'organe secréteur du fluide nerveux en produit autant que lors de l'embonpoint, certes alors il sera en excès ; et, de là, les affections nerveuses. Il sera en moins, s'il y a replétion; de là l'obésité. Ces exemples prouvent peut-être plus qu'aucun l'existence du fluide nerveux.

Je conviens cependant que si la résina isolatrice nuit à la marche du fluide électrique, la graisse qui est d'une nature presque identique , peut avoir sur le fluide nerveux la même influence, et ce serait une nouvelle preuve d'analogie entre ces deux fluides.

Eh bien , ce qui peut avoir lieu pour le fluide nerveux , peut avoir lieu pour tous les autres principes constituans de nos tissus , et ceux-ci peuvent éprouver autant de genres d'altération qu'ils peuvent sans cesser d'être, changer d'états divers, soit dans leur composition , soit dans leur texture la plus déliée et la moins apercevable. L'auteur de la nature a voulu que ces altérations , qui s'éloignent toujours de l'état le plus favorable à la conservation , fussent sensibles pour nous , afin que nous évitassions les causes de destruction. Je l'ai dit ailleurs, le moral de l'homme est à l'individu , ce que sont les fleurs de

végétaux à leur espèce ; leur conservation fut le
but de la nature : toute altération organique, en
changeant l'action habituelle des organes sur le cerveau, y en apporte une nouvelle qu'on appelle douleur. Il voulut que la tuméfaction et la rougeur se
joignissent à ce premier avertissement, non pas qu'il
plaçât ces symptômes pour nous avertir, mais parce
que c'est le propre d'un organe altéré de revêtir ces
nouvelles propriétés ; peut-être ont-elles en outre
l'avantage de prévenir une altération plus grande, et
de préparer le retour de l'équilibre. Une foule de
faits semblent prouver cette assertion, une foule d'autres
la détruisent ; quoi qu'il en soit, le fait est ; que cela
nous suffise, et désormais ne voyons pas dans l'inflammation un être abstrait et personnel qui se développe et s'éteint dans nos organes ; caractérisons-le si
nous voulons encore, par la douleur, la chaleur, la
tuméfaction et la rougeur ; mais ne disons pas que ce
sont les propriétés vitales exaltées ; disons, c'est une
altération de tissu sténique ou asténique, dépendante
d'un excès, d'un défaut ou d'un désaccord de principes constituant, et qui, parmi les nouvelles propriétés qu'il doit à son nouvel organisme, revêt toujours un ou plusieurs des caractères sus-énoncés.

Les dartres sont aussi des altérations particulières
du tissu cutané, ce sont rarement des gens vigoureux qui en sont affectés, et pourtant elles sont
considérées comme des phlegmasies ; cependant la

mollesse du tissu devrait, s'il en était ainsi, diminuer au contraire, la tendance à l'inflammation ;
c'est donc encore une altération ignorée, une combinaison inconnue de nos principes organiques. La
contagiabilité de cette affection en est une preuve irrécusable, et je veux, à cette occasion, relever une erreur
appliquée à presque toutes les maladies contagieuses ;
on les accuse de se répandre dans les humeurs, d'y
causer du désordre et du trouble ; or, quelle énergie ne
faut-il pas leur supposer, si on leur accorde cette ex-
tansibilité, cette faculté d'être présentes partout : cela
se sent un peu de ces esprits vitaux qui parcourent à
tort et à travers les nombreux canaux de la vie ; la
fièvre, le marasme, occasionnés par les dartres, devraient être d'autant plus intenses, que ne faisant que
pénétrer, il serait en plus grande quantité répandu dans
l'économie, n'étant pas tout entier fixé sur une dartre
encore légère ; au contraire, nous voyons au début
d'une affection herpétique légère, le trouble général
être à peine sensible. Quelle plus grande preuve que
ce trouble est dû aux liens qui unissent la partie malade
à l'ensemble, puisque cet ensemble est d'autant plus
affecté, que la partie affectée est elle-même plus altérée ; il est vrai qu'on a supposé que cela était dû à
ce que le virus convertissait en sa propre substance
nos humeurs elles-mêmes, et qu'ainsi la moindre
parcelle pouvait infecter tout un individu ; je conviens que cela peut avoir lieu quelquefois, et la syphylis, la variole, la peste, le typhus, semblent

assez avoir ce mode d'invasion ; mais cela n'est certainement pas pour toutes, et pour les dartres en particulier.

Je ne dis pas que les dartres ne soient pas une altération par excès ; mais je ne veux pas que ce soit une inflammation dans le sens qu'on y attache: dans ce sens, en effet, l'inflammation n'existe pas, et le phlegmon le plus aigu n'est qu'une altération de tissu dont les propriétés nouvelles produisent un nouveau genre de vie; en effet, rien ne prouve que, comme on le dit, la contractilité capillaire y soit plus active; la sensibilité n'y est peut-être pas plus exaltée , si on fait attention que douleur et sensibilité sont deux états différens du cerveau. Bien qu'il soit très-douloureux quand on le touche, un lieu phlegmoné n'est point sensible en tant qu'organe propre à porter au cerveau des sensations nettes ; rien ne distingue moins qu'un point phlegmoneux , quel est le corps qui le touche ; et pourquoi, si sa sensibilité était en effet exaltée, n'apprendrait-il pas au cerveau avec bien plus de subtilité qu'un autre, de quelle nature est la sensation qu'il perçoit ? mais c'est tout le contraire. Admettez donc qu'il est autant d'états du cerveau que de genres d'altération dont les organes qui agissent sur lui soient susceptibles.

Qu'une substance quelconque , quelqu'organe qu'elle altère , le mette toujours dans un état de combinaison uniforme et dépendante de l'état invariablement chimique de cet agent, sans que la nature de l'organe puisse rien changer, il devra arriver, suivant ma théorie, que n'importe le tissu affecté, l'action sur le cerveau devra être la même ; une foule de faits prouve que cela a lieu ; je ne citerai que les trois suivans. Quel que soit l'organe qu'il détruit, le cancer ne cause qu'un genre unique de douleurs. Les animaux dans les veines desquels on injecte des liquides, exercent des mouvemens de déglutition ; c'est que la substance, en agissant sur les tissus vasculaires, les met dans l'état où est mise l'arrière-bouche par l'injection d'un liquide ; le changement d'état du tissu étant le même dans les deux cas, le cerveau éprouve le même mode d'impression, il se trouve dans le même état ; le mouvement qui en est la suite en est la preuve irrécusable. L'émétique injecté dans les veines produit le vomissement, comme s'il était ingéré dans l'estomac ; ce n'est pas qu'il soit porté vers cet organe pour lequel il aurait une affinité particulière, ce n'est pas non plus qu'il aille toucher la pulpe cérébrale ; le vomissement a lieu avant qu'il ait le temps de les atteindre. On répond qu'il agit par sympathie ; mais pour admettre cette hypothèse, ne doit-on pas étudier d'abord comment il agit lors de son ingestion dans l'estomac, pour oser dire ensuite que la sympathie produit sur cet organe l'effet de l'émétique. Nous voyons qu'ingéré il agira trop promptement pour avoir été absorbé et porté au cerveau ; cependant l'encéphale seul est le siége des mouvemens du diaphragme et des muscles de l'abdomen, il est donc atteint par l'émétique ; et s'il l'est, ce ne peut être, vu la rapidité du phénomène, que par les nerfs qui unissent l'estomac au cerveau. De ce qui précède, on peut donc conclure que non pas parce qu'il est l'organe digestif et absorbant, mais seulement en tant que tissu vivant et sensible, l'estomac est mis par l'émétique dans un état quelconque ; cet état est ressenti par le cerveau, et celui-ci alors prenant lui-même l'état dépendant de l'action de l'estomac émetisé sur lui, produit nécessairement les contractions expultrices des diaphragme et de l'abdomen : il suit de là, que tout tissu vivant qui communiquant avec le cerveau, par des nerfs, pourra lui imprimer cet état dans lequel il sera mis lui-même par l'émétique, pourra produire le vomissement ; et c'est ce qui a lieu en effet, soit que l'agent chimique agisse sur les tuniques internes des vaisseaux, soit qu'il agisse sur le cœur ; toujours est-il qu'il modifie le tissu vivant de telle façon que le nouvel état dans lequel il se trouve changeant son mode d'action sur le cerveau, celui-ci se trouve dans l'état propre à produire le vomissement, tel qu'ait été l'organe qui lui a imprimé ce mouvement ; mouvement n'est point ici une fiction, et l'illustre Cabanis pensait qu'on ne pouvait supposer aucune action dans le cerveau, qui n'eût une sorte de mouvement pour cause. Je ferai enfin observer, que dans le cas cité on ne vomit pas seulement, mais qu'on a aussi des nausées, preuve évidente que nous rapportons nos sensations à nos organes, quoique ce ne soit, en effet, que dans le cerveau qu'elles aient lieu. Ainsi ce viscère, dans ce cas, est mis dans l'état de mal-aise que provoque l'émétique ; et comme cet état est aussi celui où le lien nerveux qui l'unit à l'estomac entre en action, l'estomac semble souffrir.

J'ai dit que la matière, amenée à certains états, revêtait deux propriétés ; celle d'avoir conscience de l'action d'un autre corps sur elle, et celle de se mouvoir dans un certain sens. Voilà l'origine de la contractilité : la pulpe cérébrale paraît être dans la condition propre à remplir la première de ces fonctions, c'est partout à la fibrine qu'est départie la seconde. Pour s'approcher d'un corps, ai-je dit ailleurs, il faut supposer que la matière l'a senti : c'est aller au-delà des faits. Nous ne devrions appeler sensibilité que l'état de conscience ; pourquoi supposer qu'elle est latente, quand on ne l'aperçoit pas ? On avait besoin de l'admettre pour expliquer la nutrition ; car, disait-on, une molécule alibile doit être sentie pour être absorbée ; et quoi, ne peut-ce pas être une fonction nouvelle de l'absorbant changé d'état par l'impression qu'elle a faite sur lui de s'en approcher elle-même ? Ne peut-elle pas aller au-devant de lui ? Car il a dû aussi, en le faisant changer d'état, lui imprimer un nouveau mode d'action ; leur contact ayant eu lieu, ces commotions qu'ils éprouvent l'un et l'autre, ou peut-être le change de quelque

fluide subtil, comme cela a lieu contre les corps électrisés, le modifie encore. Leur état changé, ils changent de manière d'agir l'un sur l'autre ; ils se repous-
sent peut-être : la molécule fuit l'orifice, mais celui-
ci se resserre et l'oblige à graviter dans l'intérieur
même du tube : celui-ci y joint sa force capillaire,
mille autres forces qu'on ne saurait nier se joignent
à celles-ci. On le voit donc, un corps peut agir sur
un autre, sans l'avoir senti. Newton n'avait pas supposé cette propriété pour expliquer l'attraction. J'ai
pu, en parlant de la sensibilité de la matière, pousser
trop loin les conjectures à cet égard ; mais si on réduit ce que j'ai dit sur la sensibilité à ce fait, que je
n'ai voulu qu'indiquer, que tout changement de fonctions de la matière supposait son changement d'état,
on verra que je n'ai rien dit de trop. Ne supposons
donc jamais ce que rien ne prouve, et quand nous
voyons un tissu se contracter, disons, sans supposer,
qu'il a senti le corps sur lequel il réagit, que ce corps
l'a mis à l'état contractile.

Bichat appelait cela la sensibilité organique insensible. Comment un si grand homme osait-il prononcer le mot de *sensibilité insensible* ? Il dit qu'en
s'exaltant, elle devient animale. Qu'est ce que c'est
que l'exaltation d'une propriété ? Jamais le cœur enflammé, les plèvres irritées, les intestins phlogosés,
ont-ils senti les gaz, le liquide, les solides avec lesquels il était en contact ? Cela aurait pourtant eu

lieu , si leur prétendue faculté de les sentir s'était exaltée, au point d'en donner conscience au cerveau. Un tissu altéré constitua le cerveau souffrant, voilà tout ; et si, malgré ce que je viens de dire , la sensibilité, supposée à nos organes intérieurs , existait, et qu'elle pût s'exalter , tous les individus , affectés de cardite et de fièvre inflammatoire , eussent appris avant Harvée aux physiologistes , que c'était du sang qui coule dans les veines , comme la femme nerveuse prévient ceux qui l'environnent des bruits très-lointains , long-temps avant que ce soit sensible pour des oreilles vulgaires.

Je n'admets donc la contractilité, que comme une propriété qu'a la matière de se mouvoir dans un certain sens, quand elle a acquis l'état voulu pour cela, et il est deux cas dans lesquels elle l'acquiert : 1°. quand un agent externe la met à cet état , c'est la contractilité organique de Bichat ; 2°. quand l'agent du changement est le fluide nerveux, et c'est alors la contractilité animale.

C'est parce qu'ils ont pris les fonctions pour des propriétés , que les physiologistes ont dit que les propriétés vitales variaient. Ainsi , prenant la contraction du cœur pour la contractilité de cet organe, ils ont dit que la contractilité s'exaltait ou s'affaiblissait.

Mais, ce cœur , qui varie dans ses contractions, a auparavant varié dans sa texture ; ce changement n'est pas apparent , quand il est subit. On a aussi , pour assigner la variabilité des propriétés vitales, comparé les fonctions du cœur avec celles des capillaires ; ce sont pourtant, a-t-on dit, les mêmes propriétés qui les animent. Quelle énorme différence ! Moi, je dis que c'est cette différence qui prouve l'identité et l'invariabilité des propriétés de la matière ; car, combien ce rapport, entre la contractilité énergique du tissu ferme, rouge et serré du cœur, entre les faibles contractions de capillaires minces, mous et blanchâtres, prouve que la contractilité est une propriété invariable de la matière, ce qui est toujours en raison directe du tissu qui la produit. Qui oserait dire, en effet, que cette contractilité est constante, si on la voyait aussi énergique dans un tissu débile, que dans le muscle le plus ferme ? C'est alors qu'on aurait droit de dire que les propriétés vitales sont variables. On me citera les énergiques contractions de quelques femmes débiles dans un état de convulsion ; mais ici c'est une affection nerveuse ; le fluide nerveux est exubérant, en tant que principe constituant de la matière vivante ; il doit changer ses propriétés, à mesure qu'il se combine à elle, en quantité plus ou moins grande, et le fait changer d'état. C'est alors, en changeant d'état, qu'elle doit changer de fonction, parce que les propriétés ne varient pas, et qu'elles suivent la matière dans toutes les transmutations qu'elle éprouve.

On dit qu'une propriété est immuable, quand son

produit ou action sensible varie exactement, en raison
des diverses circonstances où se trouve la matière
qui en est douée. Ainsi, on dit : la force de gravitation est invariable, quoiqu'elle agisse diversement,
suivant qu'elle gravite dans des milieux de densités
différentes. Eh bien ! de même, la contractilité est
une loi invariable, parce qu'elle produit des actions
différentes, à mesure que la matière passe dans de
nouveaux états, et c'est la connaissance de ces états
de la matière contractile qui décèlerait les lois de la
contractilité. Ainsi, c'est parce qu'on a fait concorder les distances des corps gravitans les uns sur les
autres avec l'accélération du mouvement, qu'on a
déterminé les lois de la gravitation. On détermine-
rait aussi celles de la contractilité, si on établissait
une comparaison exacte entre l'état actuel du tissu
qui se contracte et la mesure de la contraction qui
en est le produit. Je ne dis pas que ce soit possible ;
j'indique seulement que c'est la vraie route, et qu'on
ignorera éternellement ce que c'est que la vie, tant
que les mots *principe*, *force vitale*, *etc.*, rempla-
ceront le raisonnement et le calcul.

On avoue que le cœur doit à sa texture d'être contractile ; que l'estomac, la vessie, qui jouissent de
cette propriété, ne la doivent qu'à leur texture musculaire. N'est-ce pas avouer que la matière a des propriétés, en raison de sa manière d'être ? Etendons
cette vérité à tous les phénomènes vivans, et chaque

action développée va devenir, pour nous, le signal d'un changement d'état du tissu qui l'exerce. Les organes que je viens de nommer, varient autant dans leur manière d'agir, que la disposition anatomique ; c'est donc en raison de leur état, qu'ils sont contractiles. Pourquoi ne conviendrait-on pas en détail de ce dont on convient en masse ? Pourquoi les contractions ne seraient-elles pas, chaque fois qu'elles se développent, dues à un état chaque fois renouvelé dans l'organe, quand la contractilité, considérée abstractivement, est avouée dépendante de telle nature de tissu, plutôt que de telle autre ?

Bichat observe que chez les fœtus, l'activité énergique du cœur suppose celle des capillaires; car, dit-il, en vain il se contracterait fréquemment, si le sang ne lui était pas rapidement apporté par les veines. Cette observation est d'accord avec ma théorie ; elle me porte, en outre, à penser que les syncopes qui suivent des palpitations de cœur ne dépendent pas, comme on le dit, de la fatigue de l'organe ; mais bien parce qu'il ne reçoit plus par les veines autant de sang qu'il vient d'en envoyer. Cette idée est appuyée des preuves suivantes : il est rare qu'un accès fibril soit suivi de syncope, il en est plutôt précédé ; cependant le cœur aurait autant lieu d'être fatigué qu'après une palpitation ; mais la syncope n'a pas lieu, parce que, dans la fièvre, le système capillaire, aussi actif que le cœur, lui renvoie autant de sang qu'il en a reçu. Les frictions, les claques dans les mains, etc., employées dans la syncope, ne peuvent rien pour ranimer l'action du cœur, et cependant leur succès est souvent évident ; c'est qu'elles raniment l'action des capillaires, et que, consécutivement, le cœur, recevant plus de sang, recouvre peu à peu sa contractilité ; il pourrait bien être même que la syncope qui suit un bain froid, une grande fatigue, la terreur qui cause des oripillations, etc., dépendît primitivement d'un manque d'action des capillaires, et, par suite, de l'inaction du cœur qui, n'étant plus mis à l'état contractile, cesse de se contracter.

Je ne me fusse pas tant étendu dans la syncope, si elle ne se rattachait point à ma théorie. Comment conçoit-on, en effet, que le cœur puisse se fatiguer pour s'être trop contracté ? Si on admet avec moi que chaque contraction est le résultat d'un état nouveau de l'organe, ce n'est que quand il manquera d'agent de changement qu'il cessera d'agir, parce qu'il cessera d'être dans les conditions contractiles. Cet agent pour le cœur est le sang, et ce ne peut être quand il en manque qu'il cesse de se contracter. On va m'opposer que cet organe, arraché du sein d'un animal vivant, se contracte long-temps encore ; mais l'air qui le frappe, les nouveaux rapports qui l'environnent, les anciens dont il est privé, ne sont-ils pas des agens qui peuvent, en modifiant sa texture, le

maintenir pendant un certain temps à l'état contractile? On dirait vainement que ces causes nouvelles de
changement n'étant plus alternatives, comme l'abord
du sang, la contraction devrait alors être permanente; la contraction elle-même est un agent de modification de texture, d'où naît une nouvelle propriété,
c'est la dilatation. Dans ce nouvel état, l'organe continuant d'être soumis aux agens extérieurs, il en
éprouve de nouveau l'influence, et revient contractile, jusqu'à ce qu'enfin épuisé, il soit sorti des conditions de la vie. Je ferai observer que cette dilatation active, qui suit la contraction, a beaucoup d'a-
nalogie avec les répulsions électriques de deux corps
qui s'attiraient avant de s'être touchés. On m'opposera encore, pour soutenir la fatigue du cœur, que
les autres muscles volontaires se fatiguent, à force de
se contracter; mais des contractions prolongées,
comme celles des muscles de la vie animale, qui ne
reçoivent pas, comme le cœur, un agent toujours
nouveau de l'état contractile, doivent, par cela seul
qu'ils restent contractés, éprouver un changement notable dans leur texture. Nous avons vu plus haut que
la contraction était la source d'un nouvel état qui
avait pour résultat la dilatation; ici, cela n'a pas
lieu, et il est probable que la seule présence de l'a-
gent contractile qu'y envoie le cerveau, toujours présent, tant que dure la volonté, maintenant le nouvel état, prolonge aussi la fonction; un tel effet n'a

pas

pas pu avoir lieu sans apporter un changement notable dans la disposition physique de l'organe, et la
fatigue qu'on éprouve en est une preuve manifeste.
Cette fatigue, en effet, n'est qu'un sentiment douloureux ; nous savons que la douleur est un état du cerveau ; dans leur quiétude habituelle, les muscles ne
l'y mettent pas : s'ils l'y placent alors, ils n'ont donc
plus le même mode d'action ; s'ils ont changé d'action,
ils ont changé de texture. Mais où retrouvera-t-on
dans la matière encore inorganique, cette contractilité
que nous lui attribuons, comme nous lui avons ac-
cordé la caloricité, la sensibilité, etc. ? Je l'ai fait entendre en commençant, lorsque je l'ai comparée à
l'attraction qui s'observe entre des corps électrisés.
Nous venons de voir que la dilatation du cœur était
une nouvelle preuve de similitude ; l'analogie du fluide
nerveux avec le fluide électrique, l'influence qu'ils ont
tous deux sur les contractions des muscles, et surtout
la présence du dernier dans toute attraction électrique, sont des faits puissans en faveur de cette hypothèse. Je ne m'étendrai pourtant pas davantage à
son sujet ; mes moyens se bornent au court exposé
que je viens d'en faire. Que d'habiles mains s'en emparent, et elles trouveront sans doute encore de nombreux points de rapprochemens entre cette force trop
long-temps dite vitale et celle des corps électrisés ! Je
me contenterai de faire observer que si l'analogie
était prouvée, ce serait en même temps une preuve

nouvelle, que le seul concours des lois physiques peut produire la vie. La difficulté d'établir entre la nature inerte et la nature vivante une barrière insurmontable, serait-elle encore à vaincre, s'il n'y avait pas entr'elles la plus grande analogie ? Et si on convient de cette analogie, comment oser dire après, que le monde est régi par deux ordres de lois très-distincts, et qui se combattent éternellement pour se disputer la matière ? Ah ! s'il en était ainsi, les lois vitales seraient bientôt anéanties ; car, inconstantes, irrégulières, comme on les représente, comment auraient-elles résisté, depuis la naissance du monde, à des lois fortes, uniformes, invariables, éternelles ? Au contraire, nous trouvons dans les corps eux-mêmes la cause des différences qui existent entre leurs propriétés, quoiqu'elles dépendent des causes identiques. En effet, nous voyons que, même dans les corps bruts, les propriétés varient en raison directe de leur état ; un corps métallique a, suivant qu'il change de forme, son point de gravité dans des endroits différens de son étendue, sans changer de nature, et seulement encore parce qu'il change de forme ; il absorbe ou réfléchit la lumière, se chauffe ou renvoie à d'autres corps le calorique qu'il reçoit. Si un corps dur, comme le fer, varie ainsi dans ses propriétés lorsqu'il ne fait que changer d'apparence, sans que sa texture soit en rien altérée, que doit-ce donc être pour des corps surcomposés, dont la mol-

lesse atteste la variabilité, que le nombre de composans expose à chaque instant à de nouvelles affinités,
et par conséquent à changer à chaque instant d'état?

Une grande source d'erreurs en physiologie, est
d'avoir méconnu que le corps entier était un corps
dont les facultés étaient le résultat d'un ensemble
d'actions; que ces actions concurrentes naissaient dans
chaque organe en particulier; et ici ce n'est pas une
sympathie, comme on le répète sans cesse, c'est la
même chose dans les corps inertes que dans les corps
vivans. Ajoutez aux premiers un corps nouveau, ou
des proportions diverses de corps qui le constituaient
déjà, il acquerra de nouvelles propriétés; et vous
ne direz pas pour cela qu'il y a sympathie. Pourquoi
donc répéter ce mot insignifiant, quand il s'agit des
corps vivans? Que le vent, en frappant le tissu cutané, redonne de l'énergie à tout l'individu, on s'é-
crie qu'il y a sympathie, et non, il y a changement
d'état dans la peau; par conséquent changement de
propriété. Son action concurrente à la vie de l'ensemble est donc modifiée; cet ensemble lui-même reçoit donc un nouveau principe constituant; or, si
tout corps doit varier dans ses propriétés, à mesure
que les combinaisons qu'il éprouve varient en tant que
corps, le nôtre tout entier doit donc se ressentir du
changement d'état d'un seul de ses tissus?

Je suis forcé de l'avouer, cette théorie des propriétés
détruit de fond en comble l'existence des prétendues

fièvres essentielles ; car dès que les fonctions, si long-
temps prises pour les propriétés vitales, sont réduites
à leur propre valeur ; dès qu'elles ne sont plus que
des phénomènes produits par la matière vivante, il
s'ensuit nécessairement que toute altération de fonctions suppose une altération de tissus. Mais, va-t-on
s'écrier, si vous admettez que la fièvre soit la suite
d'une altération de tissus, comment y a-t-il fièvre
quand c'est un flegmon des intestins qui la détermine ?
L'organe affecté n'est pas ici le seul dont les fonctions
soient lésées, et le cœur, qui paraît de tous les organes le moins fréquemment altéré dans sa texture,
est de tous le plus souvent lésé dans ses fonctions ; il
faut donc qu'ici vous ayez recours à la sympathie, que
vous n'admettez pas. J'ai admis la sympathie, mais
pas comme cause occulte, et seulement donnée aux
animaux ; j'ai dit que c'était une propriété de tous les
corps, mais plus développée dans ceux qui jouissent
de la vie. Il y a deux causes de fièvres quand l'intestin est affecté : la première, c'est qu'en tant que partie de l'ensemble, la part de vitalité qui fournit à l'individu tout entier, doit varier aussi bien que toutes
ses autres propriétés. Cet ensemble est donc modifié
dans sa manière d'être, puisqu'un de ses composans en
change ; or, s'il est vrai que la vie d'ensemble est le
produit de la réunion des vies particlles de chaque
organe, il est vrai aussi que cette vie d'ensemble modifie à son tour les vies particulières sur lesquelles

elle réagit. Ainsi, dans ce cas, l'état de l'intestin modifie l'état de l'individu, et ce nouvel état modifie, à son tour, l'état de l'intestin, en même temps qu'il modifie l'état de tous les autres points du corps. Or, nous retrouvons ces rapports dans les corps physiques. Ainsi, réduisez une petite sphère de cire en cylindre, l'état changera, parce que chaque molécule, en particulier, agit sur le point central, ou point d'ensemble, en raison du nouvel état dans lequel elle se trouve ; mais, réciproquement, le point de gravité des corps ainsi changé semblera réagir sur les molécules elles mêmes, qui ne recevront plus, de l'ensemble, les mêmes secours qu'avant. Ainsi, si, je suppose, vous avez changé le point de gravité de cette sphère, en lui donnant la forme d'un cône très-allongé, non-seulement ce point de gravité, résultat de l'action de l'ensemble, aura changé de place, mais encore les molécules du sommet du cône ne seront plus attirées vers lui avec le même degré de force ; et si leur molesse le permet, ce sommet se courbera vers le sol ; les rapports établis entre nos organes offrent absolument cette action des composans sur l'ensemble, et cette réaction de l'ensemble sur ses parties.

La seconde cause de la fièvre, prétendue sympatique, est due au cerveau ; or, cet organe est un corps, il a deux propriétés bien distinctes ; la première est, en tant que corps et résultat d'un ensemble de parties, de remplir une fonction qui lui est propre. Cette fonction est de produire le fluide de la sensibilité, comme le foie secrète la bile, comme le rein secrète l'urine, etc. La seconde propriété qu'il partage avec tous les autres organes, c'est de n'être qu'une partie de l'ensemble représenté par l'individu qui le porte, et c'est ici pour un corps inerte un groupe de molécules, on ne peut pas en priver celui-ci sans que le corps change de propriétés ; de même, on ne peut pas priver l'animal de son cerveau sans qu'il cesse d'être : l'analogie paraît peu frappante, mais ce changement si grand qui a lieu dans l'animal privé du cerveau, comparé au changement qui a lieu dans le corps inerte privé d'un groupe de molécules, est pourtant le même en effet. L'être privé d'un cerveau ne perd que la tête, et nous avons vu qu'elle faisait partie d'une ensemble de fonctions que cet organe se partageait avec le cœur et le poumon ; il n'y a donc que ces trois organes de supendus. D'abord le changement opéré n'est primitivement que pour eux : eh bien, dans le corps brut, l'ensemble de ce corps change aussi dès que le groupe de molécules est soustrait ; je conviens que le corps après cela reste dans le nouvel état qu'il a revêtu ; les états du corps décapité vont en variant jusqu'à la décomposition totale ; mais c'est que tout se lie dans le corps humain ; c'est un tissu dont chaque chaînon est la clef. Enlevez-en un, tout

se défile à l'intant ; au contraire, dans le coprs inerte
chaque partie peut être isolément, et l'absence d'une
partie n'entraîne pas nécessairement la désunion de
toutes les autres ; mais c'est ce lien seulement qui
constitue la vie, et ce lien n'y existe pas, ou n'y
cesse pas comme on l'a dit, parce que la vie y est
présente ou absente. Mais, au contraire, c'est parce
que la liaison est intime ou interrompue, que ce que
nous appelons vie s'y manifeste ou s'en sépare. Suivons,
pour plus de clarté, un corps dans sa décomposition :
le cerveau lui manque, dès-lors les deux organes
qui avec lui constituaient un ensemble, ne sont plus
constitués tels, la vie considérée comme un ensemble
de rapports entre le poumon, le cœur et le cerveau
n'est plus, c'est une propriété qui a cessé. Comme le
point de gravité et la forme ont varié dans le corps
brut, dont on a soustrait une portion ; cependant,
le cœur qui dépendait du premier ensemble fait en
même temps partie d'un ensemble nouveau, celui
du système circulatoire, il est frappé de mort. L'ensemble de fonctions qu'il concourt à produire cesse
d'être, nouvelle mort isolée de la première, et dis-
tincte de celles qui vont suivre. Il en aurait été de
même si la masse de molécules soustraites au corps
inerte avait soutenu une autre masse qu'elle ; et
d'abord cette masse aurait changé, par son absence,
la forme et la gravité du groupe ; puis, en entraînant
la chûte de la masse qu'elle soutenait, elle aurait été

l'occasion d'un nouveau changement dans l'état du corps. Revenons au corps vivant ; la circulation suspendue était un élément de la nutrition ; celle-ci s'arrête, nouvelle mort : la nutrition était une des raisons qui maintenaient dans les rapports convenables les molécules élémentaires de nos tissus : cet élément leur manque, nouvelle mort, ou plutôt nouvelle cessation de fonctions ; mais la matière n'a pas cessé d'être sensible ; l'humidité, par l'affinité qu'elle a pour les tissus, les pénètre dès que leur tendance à se maintenir dans un autre ordre de fonctions a cessé ; le calorique étranger les pénètre aussi ; les gaz s'en emparent et se volatilisent, la putréfaction est développée : la mort n'est donc pas plus que la vie un être unique qui frappe les corps vivans : c'est une cessation successive de fonctions, comme la vie en est le développement progressif ; c'est parce que chaque ensemble de fonctions est lié par un organe à un autre ordre de fonctions, que la cessation d'une fonction, en frappant de mort l'organe qui les unit, atteint celle-ci à son tour qui fait bientôt sur un autre l'effet analogue jusqu'à la destruction complète du corps qui l'éprouve ; la vie ne diffère donc de la nature inerte qu'en ce que Dieu y a rassemblé à la fois toutes les propriétés de la matière, et qu'il les a enchaînées dans une telle dépendance l'une de l'autre, que la suppression de l'un entraîne la perte de l'autre.

Mais, revenons au rapport qui existe entre une

fièvre et l'intestin. Nous venons devoir que le cœur
et le cerveau étaient liés ensemble ; certes, les intestins sont aussi liés au cerveau , puisque les affections
bilieuses causent des céphalagies. Eh bien , le tissu
gastrique malade agit matériellement sur le cerveau
d'une certaine façon ; celui-ci , lié au cerveau et
agissant à chaque instant sur lui , lui imprime la
modification qu'il éprouve lui-même ; cette modification n'est pas aperçue , mais elle existe puisque le
cœur entre dès-lors en contraction ; mais on ne doit
pas dire que c'est la contractilité qui a été attirée;
car , la contractilité est une propriété de la matière.
J'ai l'air de ne rien dire de neuf ; cependant, les
auteurs qui ont rendu raison de ce phénomène,
ont dit qu'on ignorait comment les propriétés étaient
atteintes, et moi , je dis que c'est matériellement.
Le cerveau n'agirait pas sur le cœur s'il ne lui
envoyait des nerfs , le cœur n'agirait pas sur le
cerveau s'il ne lui envoyait pas des vaisseaux ; les
intestins n'agissent sur le cerveau que par les nerfs
qu'ils en reçoivent et qui servent encore à donner à
son tour, au cerveau , de l'empire sur les intestins ;
je me fonde sur cela que tout mouvement, toute
action produite suppose un agent matériel ; qu'il ne
se passe dans la nature aucuns phénomènes qu'on
puisse expliquer , sans la matière ; qu'une variation
dans ses opérations, suppose qu'il s'est opéré en elle
un changement d'état ; que des propriétés, qui ne sont

pas des êtres, ne peuvent pas être modifiées par l'action de certains corps; que donc, toute action changée suppose état matériel différent, et que, par conséquent, quand l'intestin agit sur le cerveau, c'est qu'il est changé d'état, et sa rougeur en est une preuve; que si le cerveau réagit sur le cœur, c'est qu'il a été aussi matériellement modifié; qu'enfin, si le cœur, influencé, varie son action, c'est que sa texture n'est plus la même, et que l'influence du cerveau sur lui a été matérielle; et la mollesse de nos tissus, l'altération de nos organes, mais aussi la facilité avec laquelle ils recouvrent leur état primitif, quand l'action étrangère n'a pas été trop prolongée, ne laissent-elles pas de reste à penser combien il est facile qu'un principe aussi subtil que le calorique, que le fluide sensitif, etc., les modifient puissamment, en se combinant avec eux, et par conséquent, leur fassent produire si promptement ces actions insolites qu'on croit être primitivement atteintes? Mais, je n'en puis pas revenir, comment des hommes ont-ils pu croire qu'une action qui n'est pas un corps, peut être modifiée, exaltée ou ralentie, indépendamment du corps qui la produit?

Il n'y a donc, entre la matière inerte et la matière vivante, que la vie et la mort, de l'un comparée à l'éternité, de l'autre qui vous ferait admettre qu'un principe vital s'en empare, pendant un temps, pour l'abandonner ensuite. Mais, je vous l'ai dit, la mort n'est pas dans le sens que vous y attachez, c'est une cessation de fonctions, et dans ce sens le métal meurt aussi dès qu'il change de forme ; le mercure qui, de gazeux, devient métallique, est mort comme gaz, il prend d'autres fonctions avec une autre forme. L'homme, dont le triumvirat cephalo-pulmo-cordial est éteint, est mort aussi ; mais le corps qui reste a une manière d'être qui lui est propre, et s'il meurt consécutivement, c'est qu'un de ses élémens, le cœur, était à la fois élément de la vie de relation, et élément de la vie circulatoire. Mais la vie d'assimilation n'est pas éteinte, la chaleur se produit encore, la nutrition a lieu, les poils poussent, la sueur s'exhale, les gaz stercoraux sont formés, de l'urine est secrétée ; cependant le lien qui unissait à cette vie celle qui vient de cesser, ne l'alimente plus ; elle succombe aussi, les parties du corps n'ont plus de fonctions communes, et c'est précisément parce qu'elles n'ont pas cessé d'avoir les propriétés de la matière, qu'elles s'en servent dès-lors pour produire des phénomènes nouveaux. Mais, direz-vous, pourquoi le premier nœud de cet enchaînement de fonctions s'est-il brisé ? Si ce n'est pas l'absence du principe vital, c'est par l'absence d'un principe sans doute, mais pas de ce principe imaginaire. Il est encore beaucoup de substances ou principes matériels qui nous restent à connaître ; et la plupart du temps, c'est à l'absence d'un de ces principes ignorés que la mort doit être attribuée. Mais il est aussi des morts dont la cause est palpable : les asphyxies par privation d'oxigène sont des morts par absence de ce principe ; celles causées par le froid sont des morts par privation de calorique ; celles par inanition sont des morts par privation de molécules nutritives. Il est des morts par addition de principes ; telles sont les combustions qui agissent d'abord en saturant les corps de calorique, ensuite en volatilisant quelques principes gazeux; de sorte qu'il y a ici addition d'abord, puis soustraction de principes. L'épuisement vénérien semble être dû à une soustraction du principe nerveux, j'en appelle à l'observation que nous montrent ces individus sans énergie, ni sensibilité. Il est enfin des morts par changement de rapports, les commotions électriques ou autres, peut-être même celles morales. Si on se rappelle à présent que nous avons dit que la vie était un ensemble de fonctions dû à un certain rapport dont la nature seule connaît les lois, nous verrons qu'il est tout naturel que la vie cesse dès que les conditions de la vitalité, ou ne sont pas remplies, et c'est le cas de soustraction de principe, ou dépassées, et c'est le cas d'addition, ou mal observées, et c'est le cas de défaut de rapports, et c'est le cas de disjonction de principe par une commotion.

Qu'est un vieillard, sinon un corps sursaturé de matière qui s'éloigne de plus en plus de ce point fixé par la nature où toutes les forces de la matière, s'équilibrant mutuellement, produisent la vie dans toute son énergie et son intégrité ? N'est-ce pas parce que les tissus sont trop denses, qu'ils sont peu flexibles ? n'est-ce pas par la même raison qu'ils sont peu sensibles, peu caloricitans. Dans la mort accidentelle, que le poumon s'engorge, n'est-ce pas mécaniquement que de nouveau sang n'y aborde plus ? L'absence du stimulant abandonne chaque partie de l'organe à sa vie propre ; la vie d'ensemble, déjà éteinte, fait place à la vie partielle qui s'éteint à son tour, faute de stimulant, et ainsi de suite.

Les globes de notre système planétaire n'abandonneraient-ils pas bientôt leur orbite respectif, si le soleil ne les retenait pas dans ces rapports qui constituent l'harmonie de leur marche ? Eh bien, il en est ainsi de l'homme chez lequel un organe essentiel manque ; il en est de même de cet organe quand son stimulant, qui est le sang, ne sollicite pas le maintien de ses parties dans leur état d'ensemble ; enfin, il en est encore ainsi de ces parties elle-mêmes qui sont abandonnées de leurs principes constituans, dès que la tendance à la vie d'ensemble qui sollicitait leur maintien organique cesse d'être là pour empêcher la matière d'obéir à d'autres affinités.

Mais quand je vois un tissu mort à la suite d'une inflammation, je dis que les conditions physiques et chimiques des fonctions vitales, se sont trouvées là réunies au plus haut degré ; et aussi a-t-on vu la vie atteindre son summum d'énergie; mais quand la matière a outrepassé ces conditions, les fonctions vitales ont cessé; et chaque particule, cessant d'appartenir à un ensemble, qu'aucune tendance ne maintenait plus, s'est séparée pour obéir à la manière de sentir et d'être, qui lui est propre. Qu'on continue d'observer les sympathies, de s'en servir en médecine pour la curation de quelques maladies; qu'on les emploie comme locutions brèves et faciles; mais qu'on cesse d'y attacher un autre sens que le réel, et qu'on n'aille pas soutenir qu'un organe communique avec un autre, par un je ne sais quoi tout-à-fait indépendant des liens nerveux et des rapports établis entre l'ensemble et les parties d'un corps. J'en dirais autant des réactions vitales; qu'on en conserve l'expression, qu'on les sollicite, quand le cas l'exige; mais qu'on n'y attache pas le sens occulte et abstrait ordinaire. Qu'on soit bien persuadé que tout ce qui est perceptible pour nos sens est matière; que nous ne devons rien admettre au-delà, et la médecine y gagnera ceci : que le médecin, en modifiant une fonction, sera certain d'avoir modifié un tissu; alors, il me semble que cet art aura acquis un degré de certitude qu'on lui a justement refusé jusqu'à présent.

Les liens de la vie d'ensemble aux vies partielles, sont manifestes dans la nature du sang modifié par le poumon, par la vélocité avec laquelle il aborde; ce qui dépend de l'état du cœur, et par conséquent du cerveau, auquel cet organe est lié; l'influence de l'encéphal, par la communication nerveuse, n'est pas moins matérielle pour être moins sensible, et le cancer du pylore, par les affections de l'âme, l'atteste, ainsi que mille autres maladies. Si on admet avec moi, que, comme je crois l'avoir prouvé, il n'y a pas une action organique qui ne soit la preuve manifeste d'un changement d'état du corps qui l'exécute, on sera aussi forcé d'admettre encore cette conséquence du même fait, et qui est un lien non moins énergique que les nerfs et les vaisseaux, pour faire de nos parties un ensemble qui participe bientôt de l'état d'une de ces parties. Voici de quoi il s'agit. Nous savons qu'en physique, un corps à son état naturel, est impunément au milieu d'autres corps ; mais qu'il change d'état par le frottement ou quelqu'autre cause, il devient électrique; et, à l'instant, tous les corps à sa portée, changeant aussi d'état, agissent à leur tour sur les corps voisins, et successivement occasionnent tant qu'il se trouve des corps assez peu éloignés pour recevoir et communiquer l'impression jusque bien au-delà du point primitivement changé d'état. Si on admet à présent que tous les corps de la nature ont leur quantité donnée de fluide électrique, que chaque point en a une dose manifeste ; or, comme tous ces points de notre organisation sont à chaque instant dans des états divers, ce qui prouve les fonctions à chaque instant variées, cet état alternatif et mobile de contraction et de relâchement ; si enfin, on avoue qu'il est très-probable que l'électricité entre pour beaucoup dans les phénomènes dits de sensibilité organique insensible que nous avons vu n'être qu'un changement d'état de la matière, qui fait qu'elle se dirige dans un sens déterminé, on concevra que chaque point, changeant à chaque instant d'état, doit imprimer, à chaque point voisin, un état nouveau aussi, et successivement ceux-ci à d'autres. Ce qui se répand dans tout l'organisme, nos viscères, considérés en grand, doivent aussi avoir un état qui leur est propre, et agir à distance aussi sur les parties environnantes, et celles-ci sur d'autres. Je n'expliquerai pas comment cela se fait, quelle sorte de liaison cela établit entre toutes les parties ; mais je ne doute pas que cela ait lieu ; car la matière est susceptible d'être électrisée par la chaleur, par le frottement, etc., et toutes ces conditions se rencontrent en nous. Il n'y a donc pas de doute que l'électricité ne s'y développe, et si elle s'y développe, elle doit avoir une action approchée de celle qu'elle a sur les autres corps, et c'est cette action que je viens de signaler.

On dit que les frictions que les vents exercent à la surface des corps sont toniques ; que font-ils autre chose que d'imprimer à la peau instantanément un changement très-léger de texture ? mais qui n'en est pas moins très-promptement transporté au cerveau, dont l'action sur les organes est en raison du change-ment qu'il a éprouvé, et c'est cette succession rapide

de

de changement d'état et de retour à l'état primitif, qui produit la prétendue sympathie de la peau avec les organes. Pourquoi, si la sympathie n'est pas une communication nerveuse, sont-ce les organes qui reçoivent le plus de nerfs qui sympathisent le plus souvent ? Ainsi la peau, le tube intestinal, l'iris, au contraire, les muscles qui, relativement à leur volume, en reçoivent peu, ne sympathisent que rarement ; j'aurais cité les tendons ; mais on m'aurait opposé leur faible vitalité.

Quand l'air, surchargé d'électricité, nous électrise par approche, en refoulant dans le réservoir commun la portion d'électricité semblable à celle dont est surchargé l'air, nous sommes harrassés de fatigue, faibles et languissans. On dit alors que le principe vital est affaibli. N'est-ce pas sortir de l'observation ? Rentrons-y, et disons tout simplement : le plus ou le moins de fluide électrique fait varier les corps dont il est un des principes ; donc la vie est le résultat de la concordance établie entre les propriétés des divers principes qui composent le corps. Moi, je dis que le corps n'est plus à son état d'électricité naturelle, qu'il est moins un principe et plus un autre ; que le fluide électrique entrant comme condition de la vie, cette vie change quand le fluide cesse d'être dans les rapports et proportions voulues par les lois vitales. Lorsque l'électricité de l'atmosphère existe dans de justes proportions, le corps est plus agile, la circulation plus rapide, les secrétions plus actives.

L'air des hôpitaux, des prisons, etc., chargé de miasmes, dits putrides, n'agit-il pas sur les corps vivans comme les fermens, la levure, etc., sur les masses inanimées, dont ils hâtent la décomposition ? Or, si le principe vital était, comme on le prétend, une force opposée aux lois chimiques et physiques, ne serait-ce pas là le cas de réagir contre la cause destructive, comme on dit qu'il réagit sur un froid modéré ? Mais, non; jamais sur les individus, même les plus robustes, cette réaction ne s'observe, et ceux qui échappent ont, au contraire, pour la plupart, éprouvé pendant l'épidémie un sentiment de mal-aise et de faiblesse ; mais cette débilité ne se montra-t-elle pas, jamais les forces ne se sont accrues : ce qui prouve que ce n'est pas par une réaction qu'ont résisté ces individus à une cause délétère. Mais si l'on rentre dans la simple route de l'observation sans faire de suppositions gratuites, on verra que ces molécules à demi-putrifiées, portées par l'air jusque dans nos tissus, sont autant de forces qui sollicitent nos molécules constituantes à obéir à d'autres affinités qu'à cette tendance à l'union, à l'ensemble, que j'ai dit être maintenus par les agens des sensations propres aux corps organisés, comme je le répète, la potasse sollicite et maintient l'union de l'azote et de l'oxi- gène à l'état d'acide nitrique. Voilà pourquoi, par- mi ceux qui résistent, les plus heureux éprouvent

plutôt de l'affaiblissement qu'une réaction vitale. En
effet, si la cause qui tend à les décomposer échoue,
en quoi cela pourrait-il redonner plus de force à l'individu ? J'ai dit ailleurs que nos molécules étaient sol-
licitées à une vie d'ensemble pour constituer les tissus ; puis, en tant que tissus, à une vie d'ensemble de
système ; et enfin, en tant que système, à une vie
d'ensemble générale. Eh bien ! les épidémies semblent
rendre palpables ces différences de vie et les espaces
qui les séparent ; en effet, toutes tendent à isoler les
molécules de l'ensemble général : mais toutes n'ont
pas la même efficacité. Supposons-la à son moindre
point d'élévation, et la vie d'ensemble générale étant
seule atteinte, nous verrons un système entier s'en isoler, parce qu'il semble que la cause ne soit point assez
forte pour détruire la vie d'ensemble de ce système ;
il la conserve donc, mais il est isolé de la vie générale. Alors, et c'est ce qu'on observe dans certaines
épidémies catharrales faibles, toutes les muqueuses
séreuses cutanées ou autres, sont prises d'inflammation. Comme si la portion de vie qu'elles four-
nissaient à l'ensemble, devenu exhubérant depuis
leur isolément, les rendait plus actives ! Qu'on ne
croye pas qu'en m'exprimant ainsi , je retombe
dans l'hypothèse que je combats , et regarde la
vie comme un être isolé qui peut aller et venir. Ici,
vie n'est que pour action ; c'est une action pour un
système de se lier et se mettre d'accord avec les au-

tres, dès que cette action cesse par une cause quelconque. Si la matière qui la produisait n'est point diminuée, les autres fonctions dont elles sont chargées augmenteront nécessairement ; et c'est dans ce sens que l'isolement de la vie d'ensemble peut produire son inflammation, qui n'est que l'augmentation des fonctions vitales. Et remarquez qu'ici je suis encore d'accord avec ma théorie ; car la fonction ne se trouve accrue que parce que le tissu étant resté le même, non pas considéré dans sa texture intime, mais dans la quantité de ses parties, il doit avoir des fonctions en raison de sa masse.

Mais poussons plus loin notre théorie des épidémies, et augmentons encore la cause d'isolement : alors la vie d'ensemble du système est atteinte, le tissu s'isole, et c'est alors le point le plus sollicité par la cause distinctive qui le sépare, même du système. Cependant la force n'est pas encore supposée assez grande pour détruire la vie d'ensemble de tissu : celle-ci s'isole de la vie de système, et la raison qui a fait que, dans le cas précédent, le système avait une exubérance de vie, l'inflammation se développe aussi dans le tissu enflammé ; enfin, si le miasme destructeur est tel qu'il puisse détruire la tendance des molécules à rester tissu. Celui-ci est décomposé, c'est la gangrène. Mais remarquez ici que la vie d'ensemble générale, la vie d'ensemble de système, la vie d'ensemble de tissu ne pouvant être détruite

simultanément, il arrive toujours que la dernière
n'est pas détruite assez promptement pour qu'un commencement d'isolement de la vie de tissu ne développe
pas l'inflammation, et nous voyons, en effet, toujours la rougeur précéder la gangrène : elle est proportionnée au temps que la cause destructive a mis à
agir. Si nous observons ensuite ce qui se passe dans
l'individu atteint d'une cause si énergique de destruction, nous observons, d'une manière palpable,
ces destructions successives des vies, dont la sienne
se compose. En effet, qu'un homme soit mordu par
un serpent, d'abord débilité, syncope, éblouisse-
mens, vertiges, faiblesse générale : voici pour la vie
d'ensemble. Pour la vie de système, horripilation,
pâleur, pétéchies, vibices, tuméfactions. Enfin, pour
la vie de tissu, les symptômes ne sont plus que locaux : rougeur, chaleur, tuméfaction, gangrène. En
effet, il est digne de remarque, que les symptômes
locaux sont les derniers à se développer, et qu'au
contraire, la vie d'ensemble est la première altérée.
Or, rien, ce me semble, ne prouve mieux la vérité
de ma théorie. Il n'est pas une cause de destruction
qui n'agisse de la même manière ; c'est toujours la
débilité générale qui précède les altérations aiguës,
graves. Cela s'observe dans toutes les épidémies ; il
arrive même, si la cause d'altération est assez considérable pour frapper à la fois tous les symptômes,
que leur isolement cause la mort générale. Ainsi, l'on

a vu, dans les pestes de Marseille et en Egypte, des individus frappés de mort, sans aucune lésion locale. Que la vie d'ensemble soit énergique, et cela n'a lieu que de deux façons, soit parce que les tissus, d'ailleurs bien développés, sont dans un rapport d'équilibre exact, soit par quelque puissant soutien de la tendance à sentir, elle maintient dans leurs rapports les parties qui constituent l'ensemble ; et c'est comme cela qu'agissent les passions, c'est ainsi que le désir d'être utile à ses compatriotes, autant que celui de s'instruire et de s'illustrer, maintient dans un état de santé le médecin, entouré de toutes parts de causes destructives. C'est autant cette cause que l'énergie de sa constitution, qui a soutenu l'illustre professeur Desgenettes contre l'inoculation, même de la peste d'Egypte.

Ici, la vie générale maintenue activait la vie de systême, et celle-ci n'a pas permis à la vie de tissu de s'isoler ; l'inflammation a été presque nulle. Combien, au contraire, cette inflammation n'aurait pas été forte, si elle eût été le résultat d'une réaction du principe vital ?

Ceci nous explique pourquoi les maladies les plus contagieuses épargnent quelques individus, pourquoi le pus sanieux, dans la pourriture d'hôpital, transporté sur d'autres ulcères, a épargné les uns et infecté les autres ; ce qui a suspendu le jugement du praticien sur la contagiabilité de cette affection.

Il n'y a qu'un ensemble d'organe, de viscères, etc. , qui, sous la forme d'un être vivant, ait la propriété de sentir certains ordres de sensations. En chimie, l'acide phosphorique ne saurait exister sans eau ; l'en priver, c'est le décomposer. Enlever à un être vivant la tendance à sentir, qui tient tous les organes dans les rapports propres à produire la vie, c'est opérer leur désunion, et tuer par conséquent l'individu. Eh bien ! l'observation prouve que cela a lieu. En effet, une mère, par l'espoir de sauver un fils chéri, supporte six mois de fatigues et de veilles ; est-il rétabli ? la force que je viens de signaler, et à laquelle je ne saurais donner de nom, cesse ; les organes sont abandonnés à leur vie particulière ; les pertes qu'a éprouvées tout l'ensemble pendant tant de peines, se font sentir dès que leur désaccord est manifeste, et l'infortunée succombe à une fièvre adynamique. Je ne doute pas que la meilleure médecine alors serait de réveiller la tendance à sentir, soit par l'espoir d'un bonheur nouveau, soit par par une crainte nouvelle, jusqu'à ce qu'on ait ajouté à la matière constituante du corps, et par conséquent à ses forces. De ce que la répercussion de la gourme engorgeait les glandes mésentériques ou déterminait le rachitis, on a dit qu'il y avait transmission sympathique, d'un point à un autre, d'un principe qui n'avait pas intéressé les intermédiaires ; on a cherché à en accuser les lymphatiques, les nerfs, etc. Il n'y a rien de tout cela, l'économie entière était habituée à l'exécutoire, re-

prétenté par la gourme ; sa suppression devait déterminer un changement dans toute l'économie ; car le
nouvel organe secréteur, que stimulait le point affecté
de la peau, concourait à la vie d'ensemble d'une manière
qui lui était propre ; son changement amène donc un
autre état dans cette vie d'ensemble ; toutes les parties
en sont consécutivement modifiées, et à leur tour elles
réagissent, suivant la nouvelle manière d'être qui leur
est imprimée, sur la même vie d'ensemble qu'elles composent, qui est encore plus modifiée qu'elle ne l'avait
été d'abord par le changement d'un seul de ses élémens.
Ces trois changemens sont sensibles à l'œil d'un observa-
teur scrupuleux ; une gourme se supprime, l'enfant est
triste, inquiet, mal-aise; une petite fièvre, des douleurs,
la diarrhée, voilà quelques symptômes de l'altération
survenue dans la vie d'ensemble, par le changement d'é-
tat d'un de ses élémens ; peut-être aussi que quelque
portion d'humeur résorbée ajoute au trouble général.
Cependant peu à peu l'équilibre se rétablit ; mais ce
n'est que par la modification des autres organes qui
doivent se mettre de niveau avec la vie d'ensemble modifiée : or, comme les lymphatiques sont dans un gour-
meux, le système le moins capable de résister à l'impression qu'il reçoit, il est aussi celui qui s'altère davantage ; il s'engorge, et ce nouvel état aggravant sa
faiblesse, il est au-dessous du type général sur lequel il réagit bientôt ; alors, un nouvel ordre de phénomènes se développe dans l'individu, son inquiétude,

son agitation l'abandonnent, le calme reparaît un instant ; on le croit guéri de sa gourme par un effort de la nature ; mais, loin ; sa faiblesse augmente, il devient pâle, la circulation se ralentit, les digestions se troublent et le marasme l'envahit. Si tous les systêmes ont été assez énergiques pour descendre au niveau du nouvel état de l'individu, sans être pourtant au-dessous de la condition à laquelle la nature a attaché le degré de vie nécessaire pour continuer l'action, alors la répercussion de l'exanthême détermine bien le trouble général ; mais comme tous les systêmes se mettent d'accord sans s'altérer, prenant l'effet pour la cause, on dit que la fièvre qui s'est développée, effort heureux de la nature, a terminé la maladie. On a discuté long-temps sur l'usage des topiques dans ces sortes de maux ; quelques médecins les emploient seuls ; d'autres plus rationnels, sans doute, mais pourtant aussi dans l'erreur, n'emploient que des médicamens internes ; l'un et l'autre doivent être employés, les médicamens internes pour donner aux organes le ton nécessaire pour résister au trouble qui va naître, les topiques, pour produire ce trouble, en répercutant le mal.

S'il arrive que beaucoup de ses affections se guérissent sans topiques, c'est qu'un froid inattendu, une application insolite, etc., en ont servi sans qu'on s'en soit douté.

Une autre affection développée ailleurs a pu pro-

duire la guérison, et cela nous conduit à la solution
d'un autre problème qu'on expliquait avec la même
sympathie. L'organe récemment affecté réagit à sa
manière sur la vie d'ensemble, et celle-ci sur les organes ; or, il y a ici deux chances pour l'organe malade, ou la réaction primitive de la vie d'ensemble modifie assez sa vie propre pour le guérir, ou elle ne
prend sur lui ce degré d'efficacité que quand, modifiée lentement par tous les élémens organiques auxquels elle a imprimé un changement, et qui ont réagi
sur elle en raison de la nouvelle manière d'être qu'ils
lui devaient. Elle ne fournit plus à l'organe malade
le degré d'action nécessaire pour qu'il continue d'être
un exutoire, et bientôt l'ancienne affection se guérit ;
l'observation, encore, confirme cette théorie, où il
arrive qu'un exutoire se supprime subitement après le
trouble suscité dans l'état général par le mal développé récemment dans un point où le trouble se passe
sans que l'exantême primitif se supprime, et ce n'est
que peu à peu qu'il est remplacé par l'autre : cela nous
conduit encore au mode de traitement dit par dériva-
tion ; les sétons, les vésicatoires, les cautères agissent
de cette façon ; il peut arriver même, et c'est quand l'individu a des tissus fermes et bien nourris, le vulgaire dit
alors qu'il a beaucoup d'humeurs ; il peut arriver, dis-je,
que le trouble suscité par l'exutoire appliqué, quoiqu'en raison de l'énergie du sujet, ne soit pas assez
énergique pour faire une grande impression sur le tis-

su primitivement malade ; trop vigoureux pour qu'il ne puisse plus fournir, malgré cette altération, à la secrétion qu'il produisait, il a en lui tant de substance, que, bien qu'on l'en prive d'une partie, il peut parcourir en descendant plusieurs degrés des conditions établies par la nature pour sécréter du pus, avant d'arriver au-dessous du type nécessaire pour cela ; en sorte que les deux exutoires coulent simultanément sans se nuire l'un à l'autre, tant que la vie d'ensemble est énergique ; cependant ces parties insolites l'épuisent, elle diminue, ne fournit bientôt plus aux organes qu'un degré moindre de matière et de vie. Celui des deux exutoires qui, situé sur le point le plus faible, n'a que quelques degrés à descendre pour que sa nouvelle fonction cesse, se supprime, le premier. Si vous supposez un instant que la vie générale diminue tellement que chaque partie décroisse, celles naguères suppurantes par excès de vie, tomberont au-dessous du degré même nécessaire à l'établissement de la cicatrice, et la suppuration continuera, mais avec d'autres caractères ; elle deviendra ichoreuse et fétide ; ces humeurs s'épancheront plutôt qu'elles ne seront secrétées, pour ne cesser de couler que quand la vie d'ensemble sera insuffisante pour les pousser jusques-là.

Je dois faire remarquer ici que ma théorie de la vie d'ensemble est bien différente de la sympathie ; c'est par des liens anatomiques que j'unis les organes à cette vie générale ; elle se compose du poumon, du cœur et du cerveau. L'organe respiratoire lié à l'existence du cœur, par le sang qu'il lui envoie, est aussi uni au cerveau par les nerfs qu'il en reçoit, et ce mouvement mécanique, dont ce dernier est aussi le centre lui même, est dépendant de l'état du cœur, qui, à son tour, dépend du cerveau ; par l'excès de sensibilité dont celui-ci le sature, le cœur se contracte encore après la section de la tête ; mais moins qu'il le faisait, car il n'a plus que sa sensibilité propre, et il doit en recevoir une dose plus forte du cerveau ; ces liens palpables des trois organes donnent la vie d'ensemble. Eh bien ! c'est parce qu'ils sont trois que la vie d'ensemble est modifiée par les vies particulières ; le cœur et le poumon peuvent être modifiés dans leur manière d'être par les substances que leur envoient les organes d'où le sang leur est envoyé. Cette modification s'irradie jusqu'au cerveau, et par les nerfs, et par les vaisseaux qui lui portent ce sang altéré encore, quoiqu'il ait subi un changement important dans le poumon : à son tour, le cerveau réagit sur le poumon et sur le cœur, puis sur toutes les parties auxquelles il distribue des nerfs : celles-ci éprouvent donc la triple influence du cerveau par les nerfs qu'ils en reçoivent, du cœur, par la manière dont il leur envoie le sang, du poumon, par le degré variable d'élaboration que, suivant son état, il fait subir au sang ; cette triple influence n'est pas sans effet, leur vie propre est modifiée ; ils n'envoient plus au cerveau par les nerfs, au cœur et au poumon par le sang, les mêmes impressions que ces derniers en recevaient d'abord, puisque leur nutrition changée les fait varier dans les élémens qu'ils choisissent dans ce sang ; leur manière de sentir, variée aussi par le même changement d'état, n'envoie plus au cerveau la même impression par les nerfs ; cette modification réciproque continue ; mais comme la modification imprimée par la vie d'ensemble tendait à ramener les organes au type où elle se trouvait, que chaque réaction de sa part avait un produit efficace sur ces vies particulières ; que d'autre part, celles-ci, en agissant sur la vie d'ensemble, la modifiaient tellement, qu'elle descendait à son tour pour se mettre à leur niveau ; il arrivait, par une succession rapide d'action et de réaction, que l'équilibre était rétabli. Avant de rechercher le principe vital, M. Legallois aurait dû s'assurer qu'il y en avait un ; mais il a vu au contraire que chaque point du *rachis* animait différens points de l'économie ; n'en aurait-il pas dû conclure que le principe vital était une chimère ?

Rien n'est-il plus admirable, que les ingénieuses expériences de Bichat sur la vie et la mort ? Rien n'est-il plus discordant que ce qu'il dit de la stupéfaction du principe vital par le sang noir, de son rappel par le sang rouge ? C'est dès qu'il abandonne les routes de l'observation, qu'il s'égare. Il n'avait pas besoin de parler du principe vital qu'il ne voyait pas ; il devait dire simplement : le sang noir fait sur les tissus une impression qui n'est pas suivie de réaction contractile ; puis analyser, autant que possible, et les tissus et le sang noir ; si l'analyse eût été impossible, et qui l'était à ce grand homme ? s'arrêter là où l'observation s'arrêtait, et ne pas aller au-delà avec ce banal principe vital, si déplacé à côté de si belles découvertes.

On a trop généralement admis la sympathie ; la plupart dépendent de la liaison du cerveau avec tous les autres organes ; tous lui envoient donc des irradiations et tous en reçoivent de lui. Ainsi, par exemple, quand on considère que le cerveau communique avec la peau par une foule de nerfs, et qu'au contraire, l'estomac n'a avec elle aucun lien physique, n'est-il pas rationnel d'admettre que c'est au moyen du cerveau qu'agit l'estomac sur la peau ? En effet, son action est d'y produire la sueur ou le frisson, l'horripilation, la sécheresse, etc. Eh bien ! les passions qui frappent d'abord le cerveau, produisent aussi tous ces phénomènes. C'est donc ici le cerveau qui en est cause ; et puisque d'autre part, nous voyons l'estomac agir sur le cerveau dans la faim, la réplétion, etc., auquel il est lié d'ailleurs par des nerfs palpables, pourquoi ne pas suivre ces routes tracées par la nature elle-même dans l'explication de ses opérations, et nous égarer dans le vague des suppositions ? La sympathie est encore là ce qu'est l'âme des métaphysiciens, et l'horreur du vide des physiciens de l'antiquité.

Il n'est pas un organe de la vie de relations qui ne soit lié au cerveau par des liens physiques et palpables, soit pour agir sur lui, soit pour qu'il réagisse sur eux. Eh bien ! les mêmes liens l'unissent aux viscères organiques. En est-il un qui ne reçoive des nerfs, des ganglions ? Et ceux-ci n'établissent-ils pas une continuité de tissus avec la moëlle épinière, et consécutivement avec le cerveau ? Pourquoi donc croire que cet organe soit cause unique de la relation établie entre un viscère et l'autre, sans admettre une sympathie qui ne signifie rien ? Est-ce parce que l'influence intermédiaire du cerveau se dérobe à notre conscience que nous la nions ? Mais combien le cerveau n'a-t-il pas de fonctions qui nous échappent à nous-mêmes ? Et, par exemple, dans les passions qui dépendent autant de l'influence d'un organe intérieur que d'une sensation apportée du dehors, quoique leur influence sur l'encéphale soit devenue irrécusable; nous n'en avons pas plus conscience que s'ils n'existaient pas. La mère aveugle, qui gâte son enfant, ignore qu'elle l'aimerait moins, si son uterus n'était pas dans un état d'orgasme évident. Au surplus, le lien entre le cerveau et les parties qui n'ont de nerfs que ceux des ganglions, est encore prouvé par les faits suivans : il faut que nous pensions à uriner pour pouvoir le faire ; d'autre part, nous avons conscience d'uriner, nous avons conscience de douleurs abdominales ; d'autre part, une contrariété d'esprit peut faire développer ces douleurs ;

et qu'on soit bien convaincu que si l'estomac vomit sympathiquement, quand l'utérus a conçu, c'est que la nouvelle manière d'agir de l'organe tient à une modification matérielle de sa texture ; car, je le répéterai jusqu'à la nausée, ces fonctions ne sont que le résultat de l'organisme, et cela doit être pour les opérations passagères et fugaces, comme pour celles permanentes et habituelles. Si le cerveau pense, si l'estomac digère, si le cœur se contracte, c'est que chacun d'eux est tissu pour cela. Eh bien ! pourquoi le cœur, au moment où il se contracte, l'estomac dans celui où il vomit, le cerveau dans celui où il reçoit une sensation, ne seraient-ils pas à cet instant matériellement ce qu'ils n'étaient pas avant ? Quoi ! mon estomac, en vomissant, serait-il le même que quand il était tranquille ? Personnificrais-je le vomissement, en l'appelant exaltation de la contractilité pour m'en rendre raison ; allons, allons, c'est une absurdité ; je sens bien que c'est ouvrir un champ trop vaste à l'étude, que de prouver que chaque action nouvelle d'un organe est due à un état matériel nouveau ; cela montre combien nous sommes loin de la connaissance que nous croyons si avancée de l'étude des tissus ; cela nous prouve, hélas ! que, peut-être, jamais nous ne connaîtrons ces dissemblances délicates : mais au moins cela nous sauve de nous payer de mots, et nous offre cette bien douce consolation, que quand l'expérience aura constaté l'efficacité

cacité d'un médicament , nous pourrons avoir au moins la certitude que nous avons fait cesser les symptômes morbides, en changeant l'état d'altération du tissu affecté. Enfin, dirais-je encore, il n'y a pas de principe vital , si vous en faites une sorte d'agent, veillant à notre conservation , agissant quelquefois mieux que l'ignorant médecin d'autrefois , ayant besoin d'être modifié par lui ; mais il y a dans la tendance à se conserver en harmonie , une action des organes sur l'ensemble qu'il maintient à un type , d'où l'organe affecté , qui agit aussi sur lui , tend à le faire sortir ; ce qui fait que cet organe lui-même est , la plupart du temps , rappelé par la vie d'ensemble qui y apporte , à chaque instant, les matériaux propres à les modifier , et les remettre matériellement encore à l'état commun à tous les autres organes qui ont conservé leur type.

Je n'admets que deux sortes de sympathies. La première est due à la liaison qui unit tous les viscères par le moyen des nerfs et du cerveau qui s'interposent entr'eux ; la seconde est cette union des parties constituantes d'un corps qui fait que si l'une d'elles varie, la vie d'ensemble , à laquelle elle concourait , en éprouve une altération nécessaire ; après cela , si l'on réfléchit que cette altération de la vie d'ensemble est en plus ou en moins, on concevra que toutes les parties de cet ensemble , participant à l'échec qu'il reçoit, en seront plus ou moins affectées, suivant qu'elles

seront elles-mêmes, par leur état propre, plus dispo-
sées à être affaiblies ou exaltées. Or, ces dispositions
organiques, variant autant que les individus, il s'ensuit que de telles sympathies n'auront rien de constant, et qu'en vain, pour avoir observé sur un ou
deux individus une liaison apparente entre tels organes, on tenterait de la donner pour générale et
constante chez tous les hommes. Ainsi, chez l'un,
dont l'estomac sera faible, le froid débilitant le fera
vomir, tandis qu'il occasionnera de la dyspnée chez
celui dont le poumon est l'organe le moins énergique, etc.

Rien ne doit donc être si variable que ces prétendues sympathies ; elles ne sont pas, comme on l'a
tant répété, une liaison entre un organe et un autre,
et ne dépendent que de l'influence de l'état d'une partie sur la vie de l'ensemble, et consécutivement de
l'influence de cette vie d'ensemble sur l'organe le plus
prédisposé à partager l'état général qui s'exalte bientôt en lui seul.

La preuve de la vérité de cette assertion, c'est
que, chez le même individu, ces prétendues liaisons
sympathiques ne sont pas les mêmes dans les mêmes
circonstances. Ainsi, aujourd'hui, le froid de pied
donne une colique, et demain la même cause détermine un corriza. Mais on peut rendre palpable cette
vérité. Emplissez l'estomac, qu'il soit surchargé, et
s'efforce en vain contre les alimens qui le distendent ;

il va bientôt épuiser ses forces ; plongez alors le malade dans un bain froid , et vous lui donnerez une
indigestion mortelle. Au contraire , qu'il se baigne à
jeun ; mais , ayant depuis long-temps la poitrine af-
faiblie par un catharre , le froid le saisit , le poumon
est comme frappé de stupeur ; il succombe asphyxié :
or , certes dans ces cas, la peau n'avait pas plus de
liaisons avec l'estomac qu'avec le poumon ; ils n'ont
donc été atteints que consécutivement à l'état général.

Les sympathies véritables , ou par communication
nerveuse , sont ou directes ou intermédiaires ; celles
directes sont la cause des phénomènes qui se passent
en nous. Ainsi, ce n'est pas le même tissu qui , chez
l'homme , perçoit et se meut ; il y a donc, entre les
muscles et les nerfs qui s'y distribuent, une véritable
sympathie , qui fait que , dès que le nerf reçoit telle
sorte d'influence , le tissu fibrineux entre en contraction ; et ici la liaison est si intime, que l'énergie contractile est plus fréquemment en rapport avec l'énergie du stimulant qu'avec le développement propre du
tissu motile. Ainsi, l'on voit dans les affections cérébrales, les liaisons , produites sur les nerfs , être telles
que l'individu le plus faible étonne par l'énergie
de ses mouvemens convulsifs.

Les sympathies intermédiaires sont moins nécessairement liées aux organes qu'elles mettent d'accord.
Cependant elles sont presque constantes , non-seule-

13 *

ment chez le même individu , mais encore chez tous ceux de la même espèce , puisque toutes les femmes grosses ont des nausées. Tous les hommes vomissent quand on titille la luette. Une affection morale, profonde , frappe tous les individus au centre épigastrique. La céphalalgie est, chez tous, un symptôme sympathique de la phlogose bilieuse de l'estomac , etc. Il est pourtant deux causes d'une variété apparente de ces phénomènes ; mais, comme je viens de le dire , ces exceptions ne sont qu'apparentes. La première tient à un défaut de sensibilité qui ne permet pas au malade de s'apercevoir que l'irradiation sympathique a eu lieu ; et cette cause devient sensible dans le fait suivant : Un malade , affecté de squirre, voit, après une affection morale , profonde , s'exalter tous les symptômes ; cependant il n'a pas senti la commotion épigastrique , c'est que la cause de l'affection a agi lentement, qu'elle a produit son effet, sans qu'il y ait commotion ; mais l'exaltation des symptômes prouve jusqu'à l'évidence, que la sympathie , qui unit le cerveau à l'estomac , n'a moins été mise en jeu. La seconde cause d'erreur est la suivante : il arrive quelquefois qu'un malade reçoit la commotion que détermine une affection morale , dans l'organe affecté , et non dans le centre épigastrique. Ce n'est pas que le lien sympathique soit aberré, c'est que la commotion épigastrique a déterminé le mouvement du diaphragme , qui s'est propagé jusqu'au point malade ; et que la douleur, étant beaucoup plus vive, a effacé celle de l'épigastre.

J'ai dit que les miasmes pestilentiels agissaient sur les molécules des corps, en tendant à les soustraire à l'action générale, qui doit résulter d'un concours mutuel pour les rendre à leur affinité propre. Il s'ensuivrait de-là, qu'en augmentant pour l'ensemble la tendance à sentir, on retiendrait ces molécules fugitives, dont la désunion menace de la destruction de la machine, dont elles sont parties. Eh bien ! je pense, en effet, que c'est ainsi qu'agissent nos moyens médicinaux, les vésicatoires, qui stimulent, activent autant l'ensemble que les parties qu'ils touchent ; les consolations et l'espérance qu'on s'efforce d'inspirer au malade, me semblent des moyens puissans. La saignée, au contraire, est une soustraction de matière ; et si, comme dans les corps physiques, les propriétés sont en raison des masses ; certes alors l'ensemble diminué ne retiendra plus avec autant de force les portions qui tendent à s'en séparer, pour obéir à d'autres affinités.

Duobus doloribus simul ob ortis vehementior obscurat alterum, a dit Hypocrate, et tous les physiologistes modernes en ont donné l'explication suivante : N'étant pourvus que d'une quantité donnée de vie, les corps vivans ne peuvent pas la voir s'accroître dans un point, sans qu'elle diminue dans l'autre, et sur cette théorie s'est établi l'usage des vésicatoires synopismes, sétons, etc. Cette théorie est plus ingénieuse que solide ; on voit souvent la nature mener de front plusieurs phlegmasies : il est des phlegmasies générales, des séreuses, et souvent cet état ne s'accorde pas avec l'état apparent du malade, qui, loin d'être pléthorique, semble cacochime et débile. D'autre part, ce n'est pas toujours les plus robustes qui ont le plus d'inflammation ; ou, si cela est, c'est plutôt parce que des tissus très-énergiques sont plus voisins que d'autres de cet état, que parce que les propriétés vitales sont trop développées ; enfin, rien n'est plus fréquent que les phlegmasies des tissus dans le cours des fièvres adynamiques. Or, ici, certes, les propriétés vitales ne pèchent pas en excès. Pourquoi donc une phlegmasie en affaiblit-elle souvent une autre ? Voici comme je conçois que cela arrive. J'ai dit que la vie d'ensemble était le résultat de la vie des parties. Pour qu'il y ait équilibre, il faut que tout concourre ; qu'un tissu s'enflamme, donc il revêt des propriétés nouvelles ; ces propriétés, marquées par l'exaltation, dénotent l'isolement de la partie malade. En effet, déjà le cerveau a une conscience isolée de son état, il ne reçoit plus d'elle une irradiation qu'il confond avec les autres, il la distingue d'entre toutes. Cet isolement est encore prouvé par des apparences physiques ; le point enflammé se circonscrit, s'isole, il est tout différent du reste de l'individu, et du reste même du tissu qu'il affecte ;

il est gonflé, plus coloré, moins souple : c'est enfin
un nouvel individu anté sur l'individu primitif ; et, à
part quelques symptômes sympathiques qui le retiennent encore à l'ensemble, c'est un être qui a pris
naissance, se développe et doit s'éteindre. Or, si l'on
admet que la vie de l'ensemble soit le résultat des
vies particulières, il devient évident qu'une de celles-
ci s'isolant, l'autre sera diminuée d'autant ; la vie,
ainsi diminuée, ne soutiendra plus les fonctions dans
toute leur énergie ; il n'arrivera plus vers le point
dont on aura voulu détourner l'inflammation, que
des liquides peu énergiques et peu rapides ; ils ne
seront plus un stimulant suffisant, et le tissu, primitivement malade, ainsi affaibli dans sa texture, re-
viendra au type ordinaire ; il est vrai que cette théorie supposerait que l'état général de l'individu devrait
diminuer, en raison de la diminution que subit le
tissu malade, et rester par conséquent toujours au-
dessous de son degré de validité ; mais on doit réflé-
chir que, par cela seul qu'il est le plus habituel, par
cela aussi que cet état général est une vie d'ensemble,
dont les composans se prêtent un mutuel secours, il
doit résulter une ténacité plus grande à se maintenir
au même type, que ne peut le faire le point enflammé ; d'une part, parce qu'il est isolé et réduit en
quelque sorte à lui-même ; de l'autre, parce qu'il est
dans un état forcé qui doit être moins stable. Au
reste, ces raisons, bien que valables, n'ont pas une

telle iufluence, que les stimulans dérivatifs n'affai-
blissent évidemment les malades; il les mettent bien
d'abord dans un état d'excitation sympathique qui
pourrait en imposer; mais, certes, le fait de l'inflammation d'un point du corps est d'affaiblir la vie de
l'ensemble, à laquelle la vie de ce point cesse de con-
courir.

Il est encore une objection qu'on peut me faire,
en me demandant pourquoi la nouvelle inflammation
parcourt plutôt que l'autre ses périodes, puisqu'elle
doit recevoir de même un sang que la vie générale
n'élabore, ni n'envoie plus avec l'énergie, dont l'ensemble est privé par l'isolement de ses deux parties
de son ensemble?

Je dirai que la cause intime est souvent très-peu
énergique, la plupart du temps inconnue; ce qui
suppose toujours qu'elle est peu différente des stimulans naturels, par lesquels elle fut sans doute apportée, et qu'enfin elle est souvent fugace comme ce stimulant; de sorte que l'inflammation interne ne s'entretient que parce qu'elle s'est développée, que le
point irrité trouve dans des humeurs habituelles ces
stimulans, pour lesquels il est devenu trop sensible,
et que l'impression qu'ils causent devient une cause
toujours croissante d'une irritation plus grande; mais
la moindre diminution dans la quantité, la vélocité,
l'énergie de ces humeurs, est une véritable soustraction de la cause inflammatoire; par cela seul donc

que cette cause est très-facile à soustraire, l'inflammation interne peut diminuer dès que l'affaiblissement général est le signal de cette soustraction. Au contraire, l'inflammation provoquée l'a non-seulement été par une cause puissante, telle que les cantharides, mais encore l'air extérieur, les topiques, sont des causes permanentes de changement d'état dans le tissu malade, et par conséquent de changement de propriétés. Quoi donc qu'il ne reçoive plus des liquides vivans aussi stimulans qu'au début, il trouve encore en eux des irritans suffisans, parce que sa susceptibilité s'accroît plus encore que la propriété stimulante des premiers ne diminue.

On m'opposera la promptitude avec laquelle semble, en certain cas, agir un vésicatoire; mais certes, dans ce cas, il n'a pas diminué l'inflammation, il n'a fait que faire sentir une douleur plus vive qui masque la première. Il en est ici comme du soufflet, qui empêche un individu de sentir qu'on lui arrache un cheveu; la preuve, c'est que si on se hâte trop de fermer le vésicatoire, ou même s'il devient insensible à l'impression des épispastiques, la douleur reparaît presqu'aussi subitement qu'elle était disparue; or, certes, une inflammation n'a pas cette marche rapide : la douleur n'était donc que masquée par une douleur plus vive.

Les prétendus efforts conservateurs de la nature ne sont pas plus qu'autre chose, des preuves de l'existence du principe vital ; en effet, bien qu'un organe affecté agisse sur l'ensemble à sa manière, bien que cet ensemble troublé réagisse à son tour sur tous les autres organes, ceux-ci ne sont que peu altérés, ils modifient à leur tour cet ensemble qui les influence ; il se soutient donc très-voisin de son premier état, agit en raison de cet état sur l'organe affecté, et peu à peu celui-ci doit reprendre l'équilibre.

Je reste convaincu, après la lecture des Phlegmasies chroniques de Broussais, que l'affaiblissement général favorise au moins autant que l'état pléthorique, le développement des inflammations locales, et cette vérité prend un nouveau degré de force dans cette opinion que j'ai émise quelques pages plus haut, sur la douleur, la chaleur, la tuméfaction et la rougeur que j'ai démontré pouvoir être les résultats d'un état asthénique ; mais bien que justes, des raisonnemens ne prouvent jamais autant que les faits. Eh bien ! qu'on regarde les engelures qui n'attaquent que les individus faibles, on aura le tableau de cette inflammation par débilité, telle que je l'entends ; la susceptibilité des individus faibles est encore prouvée par ce fait, que la plus légère égratignure, le plus léger bobo, est interminable pour eux. On dit dans le monde que ces individus ont mauvaise charnure ; voyez au contraire, l'homme fait et pléthorique guérir en vingt-quatre heures d'une blessure bien plus grave ; ce n'est certes pas que l'inflammation ait favorisé la cicatrice ; car les environs de la plaie n'étaient ni rouges, ni tuméfiés, et ils le sont constamment chez ceux que leur état valétudinaire maintient dans un état continuel de souffrance.

On a remarqué qu'à l'instant de la mort, quelque sens, l'ouïe surtout, acquérait une susceptibilité surprenante ; on dit alors que c'est le principe vital qui semble faire un dernier effort ; mais je crois que cela tient à ce que chaque organe, commençant à s'isoler, il est un instant entre la destruction de l'ensemble et la destruction des parties, où celles-ci semblent devenues à elles, et jouir dans toute son amplitude de la faculté qui naguères était comme contrariée par la nécessité de ployer sous l'état général de l'ensemble. On convient que les agens extérieurs, long - temps continués, modifient puissamment nos tissus, notre être tout entier. Eh bien ! cette modification apparente n'est que le résultat de modifications partielles et réitérées qui n'étaient aperçues d'abord que par les changemens survenus dans l'action de ces tissus ; or, j'espère qu'on ne dira pas en sens inverse, que c'était l'action d'un tissu qui a d'abord été changée, et que le tissu ne l'a été que consécutivement ; car, qu'est-ce que c'est qu'une action ? Le produit sensible d'un mouvement matériel : la source en est donc dans le tissu ; la modification du tissu précède donc le changement d'action. Dire le contraire, c'est dire que la gravitation a été créée avant les corps célestes qu'elle meut.

Il est vrai que l'action développée peut à son tour influencer le tissu qui l'exerce ; c'est même par cette succession de causes et d'effets que les propriétés peuvent s'exalter comme d'elles-mêmes , bien qu'en effet ce soit le tissu qui soit modifié ; il en est de même , quand le tissu , se trouvant au-dessous des conditions de la vie , n'exerce plus que des actions débiles; celles-ci ne suffisent plus pour imprimer à l'organe cette commotion physique qui remettrait les principes dans les rapports exigés , et peu à peu l'organe cesse d'être ; il cesse d'être encore , si , au lieu d'être au-dessous , il est au-delà des conditions de la vie ; chaque molécule sur-ajoutée , ajoute d'abord à la fonction , celle - ci ajoute elle-même à l'état outré du tissu. Bientôt le tissu sort des conditions de la vie ; pourtant la matière est toujours sensible : c'est le tissu qui a cessé de l'être. Dès que ce tissu n'est plus maintenu dans ses rapports par sa tendance à sentir , chaque molécule du composé semble retirer de la sensibilité de l'ensemble , la sensibilité qui lui est propre ; de nouveaux rapports s'établissent , l'hydrogène atteint l'hydrogène , il rencontre l'azote qui les attire ; enfin , la fermentation putride s'établit , c'est la gangrène des médecins.

Ce n'est donc pas dans l'inflammation , la sensiblité et la contractilité exaltées qui changent le tissu, c'est le tissu altéré qui change de propriétés. On cite des cas de phlegmasies, sans douleurs, ce qu'on a surtout observé dans les séreuses ; mais ce titre de phlegmasie est trop générique. Composés d'une foule de principes, nos tissus peuvent être altérés, soit dans l'un, soit dans l'autre ; et quoiqu'alors des apparences grossières puissent faire confondre des affections différentes, il est probable que le tissu qu'après la mort on trouve rouge et tuméfié, s'il n'a point imprimé au cerveau ce changement d'état qui le constitue souffrant, n'était point altéré dans le même genre que celui qui était douloureux. Quoi d'impossible, en effet, qu'un genre quelconque d'altération ne mette pas l'organe dans la condition nécessaire à cette fonction, dont la sensation de la douleur est le résultat ? Est-ce que les paroximes et les accès des maladies remittentes et intermittentes ne viendraient pas à l'appui de ma théorie ? En effet, c'est toujours à peu près aux mêmes heures qu'on se lève, qu'on mange, qu'on fait telle ou telle chose ; les acta, ingesta, circumfusa, agissent manifestement sur nous ; et s'ils agissent, c'est matériellement ; leur action instantanée en prépare d'autres. Ainsi, l'action des alimens, lors de la digestion, prépare l'hémasthose ; celle-ci la nutrition, etc. etc. Ces fonctions se remplissent en même temps dans tous les points de l'économie ; l'organe affecté, et il n'est pas de doute que, dans toute lésion de fonction, il n'y ait un siége principal de lésion ; l'organe affecté, dis-je, doit éprouver certainement un changement manifeste d'état, quand tout l'organisme est ainsi impressionné ; et comme il n'est pas en harmonie avec l'ensemble, le trouble qu'il éprouve doit être bien différent du trouble général. Si l'on considère que les accès ne sont jamais rigoureusement périodiques, qu'ils avancent ou retardent comme ont pu avancer ou retarder les heures de nos repas, de notre lever, etc., on pourra bien croire ces phénomènes liés entr'eux ; d'autre part, Celse propose et employe avec succès le précepte de changer brusquement des choses usuelles ; enfin, le quinquina ne semble-t-il pas éterniser les inflammations chroniques ? et c'est peut-être comme cela qu'il fait cesser le retour des accès. En effet, supposons un médicament tel, qu'il fixe inamoviblement l'état morbide d'un organe, celui-ci cessera d'être affecté par les causes périodiques de changement, et les accès n'auront pas lieu. Qu'on ne croie pas que je prenne de là l'occasion de blâmer le quinquina ; en effet, les accès sympathiques, et on sait ce que j'entends par sympathie, sont quelquefois bien plus funestes que l'altération qui les détermine ; c'est donc agir encore en homme raisonnable de prescrire le quinquina, bien qu'on ne fasse ici que la médecine des symptômes.

D'après ma manière de voir, un tissu enflammé a une vie propre, comme tout autre ; mais il est plus isolé de la vie d'ensemble ; c'est un lien de moins pour retenir en harmonine tous les autres organes; ceux-ci doivent donc avoir, plus que jamais, de tendance à s'isoler d'un ensemble déjà ébranlé dans l'un de ses élémens. Ne serait-ce pas là la cause de ces prétendues affections sympathiques qui compliquent les maladies graves, telles, par exemple, que les diarrhées qui succèdent à d'autres flegmasies chroniques. Broussais a prouvé, par de nombreuses autopsies, que toutes ces diarrhées étaient dues à une inflammation des intestins; n'en serait-il pas ainsi des phrénésies, que M. Pinel recommande de distinguer de celles qui sont primitives, et précédées de douleur dans l'abdomen, de decubitus sur le ventre, etc? L'expérience n'a-t-elle pas prouvé d'ailleurs que, dans presque tous les cas où les affections cérébrales semblaient compliquer une autre affection, on rencontrait presque constamment de la sérosité dans les ventricules cérébraux? Et n'est-ce pas là un signe irrécusable d'affection vraiment organique? d'ailleurs, on sait ce que je pense sur la prétendue exaltation des propriétés vitales dans un tissu : une lésion de fonction est toujours à mes yeux une lésion de tissu.

Je tombe encore, comme malgré moi, dans le système de M. Broussais, en réfléchissant que, si un point enflammé revêt une vie nouvelle, s'isole en quelque sorte de la vie d'ensemble, il pourra en résulter que ce point, s'il est important à l'existence

du tout, frappera, en s'en séparant, ce tout de disjonction, et chaque portion s'isolera ; l'isolement
pourra devenir tel, que, quoique la première vie
d'ensemble, celle du concours du cœur, du cerveau
et du poumon, soit encore intègre, chaque tissu,
chaque molécule obéisse même chez le vivant, à l'affinité chimique ; de là, la putridité, les pétéchies,
les gangrènes partielles, la fétidité des déjections?
or, quel moyen ici de les rendre à la vie d'ensemble?
c'est d'y ramener l'organe qui s'en est séparé le premier. Et les moyens de l'y ramener sont les anti-
phlogistiques. La faiblesse n'est rien ; ce n'est pas la
vie qui est diminuée, car nous savons à présent ce que
c'est que la vie ; c'est l'union, l'accord des fonctions
qui est interrompu, et qui ouvre la porte à de nouveaux phénomènes : le moyen de les interrompre est
de rétablir l'accord, et nous venons de voir ce qu'il
fallait faire pour cela.

Modifier le tissu doit donc être le but du médecin, et vouloir modifier les propiétés vitales, me
semble aussi fou que de vouloir modifier les propriétés physiques ; on change l'état de la matière.
Je ne dirais pas, moi, donnez-moi de la sensibilité
et de la contractilité, et je vous ferai un être
vivant ; je dirais : donnez-moi un homme tissu
comme il doit l'être, et je le ferai vivre. Faites donc
revivre un cadavre, va-t-on s'écrier ! Eh bien ! oui,
je vais le faire revivre, si vous m'indiquez l'endroit de l'économie qui est privé de stimulant, soit

par l'état du tissu , soit par la coagulation des humeurs ; mais assurez-moi que toutes les parties de son
corps sont accessibles aux stimulans ; indiquez-moi
la nature du stimulant qui lui convient, et je vais
lui rendre la vie. On a trop dit que les hommes n'a-
vaient qu'une quantité donnée de vie ; ce n'est jamais
elle qui leur manque , c'est leur stimulant qui modifie la matière , qui n'entretient pas celle-ci dans
l'état propre à conserver les propriétés.

Indiquez-moi les moyens d'empêcher les vaisseaux
d'un vieillard de se fermer , de se raccornir, et je
vous le garantis immortel ; jamais chez lui la vie ne
s'épuisera, parce que la vie est une propriété de la
matière , et que, de la matière sans propriétés , ce
n'est rien. Mais , d'ailleurs , nos médicamens les plus
énergiques, ceux dont l'efficacité est le moins cons-
tatée, n'est-ce pas sur les tissus qu'ils agissent, et en
est-il un plus grand exemple que celui que nous offrent
les astringens ? Mais, parmi même ceux qu'on pourrait m'opposer avec le plus d'apparence de succès ,
je veux parler des anti-spasmodiques, n'en est-il pas
qui agissent sur les tissus ? Croyez-vous que l'éther
calme autrement les douleurs qu'en refroidissant le
tissu sur lequel il se volatilise ? Or , un tissu con-
densé par le froid, est moins sensible qu'un autre.
Pour échapper à nos sens grossiers, l'action des autres substances n'a lieu que sur les tissus, et d'ailleurs où vont-ils les trouver, nos médicamens, ces

propriétés vitales, dont on nous parle éternellement ?

J'ai tenté de renverser des hypothèses qui m'ont paru absurdes, et j'ai osé en proposer d'autres, et qui, peut-être, ne le sont pas moins ; aussi, ne demandai-je pas mieux de les abandonner pour la vérité, si on me l'indique. Quant aux propriétés vitales, j'y croirai quand on m'aura démontré que les corps vivans ne gravitent pas comme les autres, qu'ils ne sont pas élastiques, qu'ils ne sont pas impénétrables, que leurs liquides sont compressibles, que leurs molécules ne sont pas réunies par la cohésion et l'affinité ; et qu'enfin la vie peut-être indifféremment, tantôt en rapport, tantôt en opposition avec la composition matérielle des corps. J'y croirai quand on m'aura dit pourquoi les propriétés vitales ne retiennent pas les capillaires dans leurs calibres naturels ; quand l'air cesse d'appuyer sur la surface de notre corps, pourquoi les propriétés vitales ne rendent-elles pas nos liquides compressibles quand ils engorgent quelques points? Pourquoi les gaz vitaux tendent-ils comme les gaz inertes à se dilater? C'est que l'incompressibilité des liquides, la dilatabilité des gaz, suffisent à la vie quand ces propriétés sont jointes à l'élasticité des tissus, à leur imperméabilité, etc. Cette imperméabilité qu'on dit tant encore être vitale, est-elle autre chose qu'une sensibilité excessive qui permet aux molécules des corps de se rapprocher dès qu'une molécule tente de se frayer un passage entr'elles ? Après la mort, si les tissus sont perméables, c'est qu'ils ne sont plus sensibles, et s'ils ne sont plus sensibles, c'est qu'ils sont altérés matériellement dans leur texture intime.

Ce n'est point un système que j'établis, ce sont des avis que je demande, des lumières que j'invoque pour être retiré du mauvais chemin, si je m'égare, et rentrer dans le sentier long-temps battu par les physiologistes modernes ; mais, en y rentrant, je demande qu'on ôte de dessous mes pas ces explications abstraites, ces causes occultes, que ma raison ne saurait franchir pour arriver à la théorie de ce phénomène qu'on appelle la vie.

Il est certain que si on ignorait les lois de l'optique, on nierait absolument que l'œil fût l'instrument physique le plus parfait ; on dirait que c'est en vertu de la vie qui l'a animé, que les humeurs de l'œil font converger la lumière. Eh bien, il est absolument de même des physiologistes qui nient que les propriétés de la matière, qu'ils n'ont fait qu'effleurer, puissent donner naissance à des êtres si parfaits que les animaux.

Qu'on ne confonde pas ma théorie de la vie avec les explications des physiologistes mécaniciens qui précédèrent Stal et Haller ; ils voulaient calculer les phénomènes de la vie, comme ils prévoyaient les résultats d'une opération de physique ; ils n'appliquaient qu'un système de connaissance à des phénomènes

dus à l'ensemble de toutes les forces de la nature ; ils
voulaient calculer des résultats dans des corps à chaque instant différens ; il fallait d'abord qu'ils fixas-
sent la matière, pour attribuer telle action à tel état.

Ils ne considéraient le cours du sang que comme
celui d'un liquide, poussé par un piston métallique
invariable ; mais, bien que j'admette cette hypothèse,
je fais observer que le piston est infiniment variable
dans sa texture, et qu'il doit l'être, par conséquent,
dans ses propriétés. Si je regarde aussi les vaisseaux
comme des canaux physiques, j'ajoute qu'ils sont
sensibles et contractiles ; mais, à côté, je mets la sensibilité et la contractilité de la matière, ce qui me
prouve une liaison entre deux propriétés physiques qui s'entr'aident : les physiologistes mécaniciens n'avaient d'autres torts que leur ignorance ; ils
ne connaissaient, à la matière, qu'un petit nombre
de propriétés dont ils voulaient faire découler tous
les phénomènes ; voilà la source de la chûte de leur
système, et la cause de la naissance d'un système
moins solide encore, puisqu'il est appuyé sur un
principe aussi peu démontré que l'est, en métaphy-
sique, l'existence de l'âme. Mais, aujourd'hui, c'est
être au-dessous des connaissances, de regarder la
circulation comme un phénomène purement mécanique, ou comme un phénomène vital ; ce qui, pour
le dire en passant, veut dire un phénomène dont la
cause est ignorée. La circulation est due à la sensi-

bilité de la matière, et sa contractilité, son impénétrabilité, à l'incompressibilité des liquides, à leur gravité, à l'attraction capillaire, à l'affinité chimique, à la dilatabilité par le calorique, etc., etc.

Je consens que la contractilité et la sensibilité de nos organes n'ayent pas, avec l'affinité chimique et l'attraction moléculaire, l'analogie que je leur suppose; on ne peut pas disconvenir que ce sont des propriétés de la matière; or, nous les voyons en rapport constant avec la matière elle-même : un tissu est d'autant plus sensible, qu'il approche plus de la nature du nerf; un tissu est d'autant plus contractile, qu'il approche plus de la nature de la fibrine. Il y a autant de nuances entre la sensibilité et la contractilité, que de nuances dans la composition des corps qui les exercent. Ce n'est pas la force contractile ni sensitive qui varie, c'est la matière, et, par conséquent, les fonctions de la matière, de même qu'une quantité plus considérable de matière sous un même volume, gravite plus vîte que quantité moindre. La preuve que toutes ne sont que des propriétés de la matière, c'est qu'il suffira de remettre la matière dans les conditions où elle est contractile et la contraction reprendront leur ancien type. Les lois vitales sont donc aussi constantes, aussi invariables que les lois physiques, et c'est peut-être la plus forte preuve de leur identité.

Mais, 1°. la difficulté de faire concorder le chan-

gement réel, mais souvent inappréciable, qu'éprouve
la matière avec les changemens des fonctions qu'elle
remplit ; 2°. le nombre infini des conditions multipliées, sous lesquelles la matière remplit des fonctions dites vitales, seront des obstacles éternellement
insurmontables à la connaissance de ces lois. En effet, si les physiciens ont, depuis long-temps, calculé
les diverses forces de la matière inerte, c'est que, à
mesure qu'on l'abaisse davantage dans la matière
simple, elle obéit à moins de lois, et produit, par
conséquent, moins de phénomènes ; ce qui permet
de les étudier isolés les uns des autres ; mais une fois
arrivée au degré où la vie commence sous l'aspect de la
végétation, la matière est si composée que les conditions dans lesquelles elles se trouvent, conditions ani-
mées par la multiplicité de ces composans ; que ces
conditions, dis je, variant presque sans intervalle,
produisent une foule de phénomènes, tels qu'on ignore
où l'un finit, où l'autre commence ; ils semblent, à nos
faibles sens, s'enchevreter les uns dans les autres,
quoique leur harmonie ne laisse pas douter qu'ils
soient isolés et distincts ; de même que l'œil, la raison a ses bornes, et si celui-là même, à l'aide du
microscope, n'aperçoit pas les intervalles existans
entre les molécules des corps, celle-ci laisse échapper
dans ses méthodes et ses classifications, les distances
qui existent entre plusieurs phénomènes ; qu'elle les
croye donc liés, j'y consens, mais qu'elle n'en fasse

pas un être unique, abstrait, présent partout, qui va, vient, court, préside à tout, ou s'oublie entièrement, fait tantôt bien, tantôt mal, sauve ou tue l'être qu'il anime, selon les circonstances ; tel est pourtant le portrait du principe vital des physiologistes.

On nie obstinément qu'il se passe en nous rien de physique ; mais les liquides qui parcourent nos vaisseaux ne les frottent-ils pas ? Et, si cela est, ne doit-il pas avoir une influence sur la production de mille phénomènes. Niez, en vous frottant les mains, vitalistes outrés, que ce frottement soit quelque chose pour des parties vivantes, et les tégumens qui les recouvrent vont, en devenant brûlans, vous donner un démenti formel.

Un fait qui prouve fortement en faveur de cette opinion, que les propriétés vitales soient les mêmes que les lois physiques, c'est que la nature ne passe jamais d'un point à un autre, qu'à l'aide de degrés intermédiaires, et que cela aurait pourtant lieu, si on regarde ces lois comme différentes. Si on avoue qu'ils existent, ces degrés intermédiaires, alors la différence devient nulle ; car une telle liaison suppose, sinon de l'identité, au moins de l'analogie ; au contraire, on nous représente les lois physiques et les lois vitales, comme toujours en guerre et se disputant la matière. Ainsi, dit-on, les unes nous animent, les autres opèrent notre destruction, j'en conviens ; mais les mêmes

forces peuvent produire des effets très-différens. La
vapeur, qui lève le piston d'une pompe, est la même
qui l'abaisse et le relève pour l'abaisser encore. Cette
affinité, qui réunit nos molécules constituantes, peut
bien être la même qui les désunisse, quand elle est
modifiée par d'autres causes ignorées.

Il y a, en physiologie, une chose à faire recueillir
toutes les monographies sur les affections de chaque
organe, et déterminer ainsi quel est le degré d'altération auquel chacun peut parvenir, sans sortir des
conditions de la vie, noter quelles fonctions différentes il aura revêtues dans ses divers états, l'influence qu'il avait sur la vie d'ensemble, le mode de
degré d'action et d'importance dont il a paru être à
cet ensemble. C'est en analysant ainsi et les divers
états et les diverses fonctions de chaque organe,
qu'on commencera à donner quelque chose de précis
en physiologie. Cependant que ne restera-t-il pas encore à faire ? Pourra-t-on tirer des conséquences générales pour avoir trouvé des organes réduits au
même état ? Et la dissemblance chez les divers sujets,
des autres tissus avec lesquels il sera en rapport, ne
sera-t-elle pas éternellement un obstacle presqu'insurmontable ?

Une nosographie est-elle donc possible ? Oui, si
on se contente d'un à peu près, et M. Pinel l'a atteint;
il convient lui-même que le plus exercé tâtonne au
lit du malade, bien qu'il y soit guidé par la connais-

sance approfondie de son immortel ouvrage. La no-
sologie est comme la botanique et les autres sciences
naturelles, susceptibles d'offrir une classification mé-
thodique de genre, de classes et d'espèces de maladies ; mais il ne faut pas pour cela considérer les
maladies comme des êtres abstraits, elles font partie
de la physiologie, de l'histoire de nos organes. D'où
vient donc que, bien que faisable, une nosographie
exclut la perfection. La nosographie est possible,
parce que l'homme résulte de l'assemblage de systêmes, sans lesquels l'homme ne saurait être. Ces systêmes sont composés de tissus nécessaires à leurs
fonctions, ces tissus eux-mêmes ont des matériaux
dont l'absence entraînerait leur anéantissement. Mais
connût-on leur nature, leurs proportions, leurs rapports, échapperaient, et c'est surtout dans ces conditions qu'agit le développement de la vie ; aussi ne
ferons-nous jamais, ni un végétal, ni un animal,
parce que, connussions-nous même ces rapports,
nous manquerions de moyens pour les établir. Ah !
va-t-on s'écrier, c'est dans ces moyens que la nature
seule peut employer, que gît la vie ! C'est cette force
qui les rassemble, que nous nommons vie ; je ne le
nie pas ; mais cette fonction n'est qu'un action de la
matière ; c'est une action, en effet, de s'assimiler
telle substance et de rejeter telle autre ; or, la matière
ne l'exerce que parce qu'elle est déjà organisée.

L'homme en santé est un composé infini, dont tous

les composans sont dans les conditions voulues par la nature pour l'exercice des fonctions de la vie ; mais ces conditions ne sont pas uniques ; il en est d'autres où l'homme peut exister encore, mais sous l'influence desquelles il revit, une autre manière d'être dépendante de tel ou tel état du système , dont l'homme est le résultat. Or, comme ces lois vitales ne varient pas , que toujours un même état du système ou des tissus amènera les mêmes fonctions, chaque fois que ces tissus , étant supposés les mêmes, éprouveront des altérations semblables ; la série de phénomènes qui constitue un état pathologique , sera aussi immuable , et c'est dans ce sens qu'une nosographie est possible. Mais si actuellement on fait attention que tous ces systêmes qui composent les animaux , varient autant que les figures de chacun d'eux , qu'en supposant que quelques-uns de ces systêmes se ressemblassent , ils sont comme les figures encore, qui, quelquefois semblables , décorent des individus très-différens pour la stature , la corpulence , etc. ; ils sont , dis je, en rapport avec d'autres systêmes que ceux avec lesquels correspond le systême observé d'un individu qu'on compare à un autre. Ainsi, une flegmasie muqueuse varie, non-seulement suivant sou intensité, ce qui est connu de tous les hommes, mais suivant l'idiocincrasie de l'individu , suivant l'idiocincrasie de cette muqueuse elle-même, suivant l'idiocincrasie des systêmes avec lesquels elle correspond , comme on dit , sympathiquement , suivant

enfin la nature de l'ensemble qui résulte de cet assemblage. Affirmez donc après cela que la gastrite a
constamment tel ou tel symptôme , soit propre, soit
sympathique.

Pour qu'une nosographie fût possible , il faudrait
connaître la loi d'où dépend cet état d'équilibre que
nous appelons santé : or , remarquez que cette loi se
compose d'une foule d'autres qu'il ne faut point ignorer; l'âge, le sexe, le tempérament, sont des subdivisions
de cette loi physiologique , où l'équilibre existe encore. Ainsi , bien qu'il soit en santé , l'enfant diffère
de l'adulte , et pour la texture et pour la composition , etc. Ce dernier diffère autant qu'il y a d'individus divers et de sexes différens ; il y a , j'ose le dire,
autant de lois ou conditions où la vie peut s'exercer,
qu'il y a d'êtres vivans sur la terre ; aussi tous différent-
ils dans leurs tissus , aussi bien que dans leurs fonctions. Cependant ces lois existent , puisqu'il (ce phénomène que nous appelons vie) a lieu, et qu'il est
toujours en raison exacte de l'état actuel du corps qui
en est doué. Partant de ce point fixe , et supposant
qu'on saurait toutes ces lois sous l'influence desquelles la vie s'exerce librement , et ce serait connaître
tous les individus ; cependant il ne faut pas croire
ces lois si nombreuses, que l'histoire du Monde n'ait
jamais fourni les mêmes hommes. Outre que sous les
mêmes latitudes , dans les mêmes climats, par la
même éducation, ils se groupent sur la terre en familles , dont les membres se ressemblent beaucoup ;

outre qu'on trouve parmi les familles, et dans des chaînes plus intimes, des individus qui se ressemblent beaucoup, il est d'observation que les siècles ont peu changé l'espèce humaine; et les Français, comparés aux Grecs et aux Romains, attestent cette ressemblance. La nature a donc borné les conditions sous lesquelles la matière devait s'animer diversement, quoique le nombre infini de ces conditions nous empêche d'apercevoir où elles commencent et où elles finissent. Elle avait d'ailleurs dans le nombre infini de nos composans, les plus riches moyens de diversifier nos êtres; elle n'avait pour cela qu'à changer le moindrement les rapports ou la qualité de l'un d'eux, et dès-lors un nouveau tempérament, une nouvelle figure, un caractère nouveau, en devenaient le résultat. Cependant, nous voyons encore qu'elle s'est bornée dans son opération, puisque réunissant en grandes masses et sous les plus grossières apparences les divers tempéramens, nous les avons réduits à cinq ou six. Cependant, quelles innombrables influences s'observent encore dans ces groupes! Et les discussions qui s'élèvent, non-seulement entre les diverses nations des divers continens, mais chez les mêmes peuples, dans la même province, le même village, la même famille, attestent l'existence de ces nuances infinies. Mais, les connussions-nous encore, ce ne serait qu'un travail minutieux qui ne nous mènerait pas à la théorie des lois qui les voient se développer; ce n'est qu'en faisant concorder avec ces fonctions de la matière organisée l'état de la matière elle-même, que nous pourrions dire que la matière, dans tel état, produit tel phénomène, et nous l'érigerions en loi, comme l'ont fait les physiciens pour l'étude de leur science ; mais nous ressemblons à ces gens du monde qui, de toutes les belles démonstrations des physiciens que je viens de nommer, n'ont rien retenu, sinon que la terre gravite autour du soleil ; que les capillaires retiennent les liquides dans leur intérieur ; que l'aimant attire par un pôle et repousse par l'autre ; que la lumière se réfléchit ou se réfracte, suivant les corps qu'elle touche, sans connaître les lois sublimes suivant lesquelles s'exercent ces phénomènes. Mais qu'ai-je dit ? Nous serions heureux de ressembler à ces gens du monde ; car ils sont dans le chemin de la vérité, et n'ont pour s'y reconnaître qu'à regarder autour d'eux. Mais nous, physiologistes, que savons-nous ? Nous avons, il est vrai, des corollaires de notre science ; mais y sommes-nous parvenus par l'expérience et la réflexion ? Non ; et nous savons qu'un ambitieux unit à un caractère particulier une habitude très-distincte, sans connaître les liens qui unissent ces deux phénomènes de la vie. Bien plus, au lieu de nous avouer à nous-mêmes notre incapacité, nous avons supposé un principe vital qui pût se ployer à tous nos caprices et à toutes les circonstances. Quel meilleur moyen de ne jamais s'instruire ? Nous venons de voir quelles étaient les notions nécessaires pour partir d'un point exact et précis, re-

présenté par l'état de santé, et arriver jusques aux li-
mites prescrites par la nature à l'exercice des fonctions vitales; on sent que ces nouvelles conditions de
la vie malade ont autant de nuances que de tempéramens, d'âges, de sexes, etc., et même d'individus.
On ne peut donc que masser la description d'une affection qui doit différer chez tous les sujets, parce que
tous sont diversement composés, se trouvent par
conséquent sous des lois différentes, et produisent
des phénomènes très-dissemblables; il faut donc, si
l'on veut caractériser une espèce de maladie, comme
on caractérise une fleur dans le groupe qui lui sert
de famille, dire jusqu'aux plus petites nuances;
par conséquent connaître toutes les nuances des tempéramens et les conditions diverses, sous l'influence
desquelles chaque tempérament peut passer avant de
sortir de la condition ou loi générale qui constitue
chaque être vivant. Or, remarquez encore que ces
conditions nouvelles qui constituent les diverses affections pathologiques, varient dans le même sujet,
et suivant le degré, la condition plus ou moins rapprochés du terme de l'existence, et suivant le système
affecté, suivant le tissu, et enfin suivant le germe
d'altération; car un tissu peut être altéré dans l'un ou
l'autre de ses principes composans, et nous avons vu
qu'ils étaient nombreux.

On peut donc dire que la physiologie est une
science exacte; mais on peut, je crois, assurer qu'il
ne sera jamais donné aux hommes de l'atteindre,

surtout si on continue de se servir pour l'expliquer, du principe vital. En tant que branche de la physiologie, la pathologie est aussi une science exacte ; mais elle aussi est encore loin de compte. N'y a-t-il pas, en effet, dans le tableau que je viens d'offrir de ce qu'il nous reste à faire, de quoi effrayer les travailleurs les plus infatigables ? N'est-ce pas la plus dure vérité à dire aux sectateurs de la science de l'homme ? Est-ce une raison pour la taire ? C'en sera peut-être une pour qu'elle soit récusée. Mais ceux qui la nieront, ne ressembleront-ils pas à ces astronomes qui, parce qu'ils ignoraient les lois qui régissent la marche des comètes, niaient qu'elles eussent un cours régulier, et les croyaient lancées au hasard dans l'espace.

Il n'y aurait qu'un moyen d'analyser ces lois vitales ; ce serait de les prendre à l'endroit où M. Haüy a quitté la cristallisation, qui s'approche le plus de la végétation, et aller pas à pas, suivant l'échelle des êtres ; la nature ne semble-t-elle pas laisser dans chacun d'eux les traces sensibles des lois qu'elle dérobe à nos sens ? N'en doutez pas, il y a autant de conditions vitales que d'espèces d'êtres dans l'échelle qu'ils composent ? Et vous voudriez connaître la vie qui nous anime, quand vous ignorez sous quelle loi se développe la moisissure éphémère ! Mais parvinssiez-vous à analyser un homme, les connaîtriez-vous tous ? Et n'est-il pas autant de vies que d'individus vivans ? En est-il un qui marche, respire, digère, pense, sente comme son propre frère? Et la différence de leurs traits n'indique-t-elle pas ici qu'une composition différente doit faire varier leur manière d'être; ce sont sans doute ces conditions, effrayantes pour l'imagination qui voudrait les connaître, qui ont fait créer le très-commode principe vital.

M'opposera-t-on, répétai-je, que les Borelli et autres ont échoué dans leur application de la physique inerte, à la physique animale; mais ils avaient tous le grand tort de faire dépendre tous les phénomènes d'une cause unique, et ils sont le résultat d'une foule de lois qui s'enchaînent, s'enchevètrent les uns dans les autres : comment pouvaient-ils donc en rendre raison ? On les a vu échouer dans l'analyse des forces du cœur, mais avaient-ils toutes les données pour le faire ? Voici approximativement tout ce qui leur eût été nécessaire : connaître le volume et la texture de l'organe dont ils étudiaient l'action, pour pouvoir dire le cœur étant à tel état, il produit telle contraction ; connaître quel changement l'abord du sang imprime à cet organe, pour pouvoir dire telle masse de sang, de telle composition chimique, produit sur le cœur organisé de telle façon, un changement dont le résultat est telle contraction. A présent, pour mesurer cette contraction, il fallait connaître l'étendue stricte de tous les vaisseaux que le sang doit parcourir, leur calibre, croissant ou décroissant, les obstacles, ou les élargissemens qu'ils présentent ; mais

c'est

c'est peu que ces considérations hydrauliques, il
fallait y joindre la connaissance de tous les obstacles
ou facilités que , suivant la situation des vaisseaux ,
la gravitation du sang peut ajouter aux forces du
cœur ; il fallait connaître strictement la composition
de ce sang, ainsi que la texture des parois vasculaires,
pour apprécier l'effet , et du frottement , et de l'action chimique , et de la sensibilité , et de la contractilité, considérées comme modification de l'électricité,
ainsi que je l'ai présenté ; il fallait savoir qu'à mesure
qu'il avance , le sang est modifié chimiquement et
physiquement, tant par l'effet de l'action sur lui à
distance, ou au contact des points qu'il traverse , et
de sa division en colonnes divergentes de liquides ;
il fallait savoir où commence et finit l'attraction capillaire , où recommence l'action des tuniques des
vaisseaux qui, sous le nom de veines , sont affectés
par le sang noir qui leur abonde , et réagissent sur lui
en raison de leur composition , de la sienne et de la
modification qui résulte sur chacun d'eux ; il fallait
donc connaître la texture intime de ces vaisseaux , et
la nature du sang veineux , le nombre de vaisseaux
de valvules , leur situation , leur amplitude , leur
étroitesse, l'aide qui joint les mouvemens vasculaires,
les flexions , les extensions de nos membres , etc. ;
enfin le nombre de principes qu'il reçoit , et par le
canal thorachique , et par le poumon qui l'oxide ,
pour apprécier quelle impression un tel liquide doit

faire sur un cœur dont je suppose l'état intime apprécié.

Voilà un abrégé bien incomplet des données nécessaires pour résoudre ce problême de la contractilité du cœur ; on sent qu'il y a autant de problêmes que de cœurs différens, et plus encore autant que d'assemblages divers de tissus ; ainsi des cœurs d'une texture, et par conséquent d'une force égale, peuvent se trouver chez des individus différens en rapport avec des vaisseaux ; une sangnification très-dissemblable, et cela doit certainement faire varier l'effet produit. C'est après avoir observé toutes ces conditions, qu'il serait permis, si on n'arrivait pas à un résultat exact, de supposer des propriétés vitales irrégulières, incalculables ; encore serait-il plus prudent de penser qu'on a omis quelque condition, quelque cause productive d'une partie de l'effet observé, jusqu'à ce qu'on soit parvenu à ce point de perfection. Je voudrais que, calculant d'après les données qu'il est impossible de recueillir, et leur comparant l'effet produit, on dit : force appréciée tant, effet produit tant, et comme il se trouverait certainement en plus ou en moins, on devrait ajouter force inconnue, encore propre à ajouter ou à modifier l'effet produit tant ; c'est par la recherche de ces causes qu'on devrait procéder pour la solution des problêmes, et non pas se contenter de dire tout est vital dans les corps vivans, rien n'est appréciable, tout s'y fait sans règle et sans loi, le principe vital agit comme il l'entend, sans que nous puissions lui en demander compte ; observer les effets, voilà tout ce que nous pouvons. Un tel langage serait admissible dans un livre de théologie ; mais dans des principes de physiologie, dans une science qui se met au nombre des sciences exactes, et qui y parviendra, si on analyse en physiologie, comme on analyse en chimie, en physique.

En assignant au nom de *propriété vitale*, sa véritable valeur, je n'ai pas prétendu dire que les corps en qui elles se développaient, ne furent pas très-différens des autres ; je n'ai pas prétendu démontrer qu'il serait possible d'assigner aux lois qui les gouvernent, l'exactitude géométrique qu'on leur trouve en physique ; j'étais loin aussi de prétendre que bien qu'elles fussent les mêmes, elles exigeassent les mêmes moyens, soit de les mesurer, soit de les contre-balancer.

Je n'ai pas dit que les êtres vivans ne fissent pas une classe d'êtres à part ; je n'ai pas dit qu'on pût leur appliquer rien de ce que la physique nous démontre ; j'ai seulement dit que des propriétés identiques à celles des autres corps, les régissaient ; mais rentrant bientôt dans les rangs des physiologistes observateurs, je conviendrai avec eux qu'il n'en faut pas moins étudier ces sortes d'êtres, comme on l'a fait par la seule observation, sans se permettre de tirer de ces

corollaires généraux, qui ne conviennent qu'en géo-
métrie, que nous sommes si loin d'appliquer à la
science de l'homme vivant, je dis *nous*, car je ne
doute pas pourtant que la nature soit aussi invariable
dans ses opérations relatives à la nature vivante, que
dans celles relatives à la nature inerte ; la seule différence est dans la latitude qu'elle a laissée à la matière, dans les formes multipliées qu'elle pouvait revêtir, formes auxquelles doivent correspondre autant
de propriétés différentes, mais qui sont, je n'en
doute pas, en rapport toujours exact. Comment ne
le seraient-elles pas ? l'un est effet, et l'autre cause ;
ce n'est donc que la multiplicité des faits, ou plutôt
l'imperfection de nos sens, qui nous interdit à jamais
l'espoir d'atteindre, en physiologie, à ce degré d'exactitude auquel nous a habitués la physique ; mais
l'homme constant dans la confiance de ses propres
forces, a préféré accuser la nature vivante d'inconstance, que ses sens d'imperfection ; peut-être a-t-on
raison. Ce savant concours de propriétés physiques
est, pour l'esprit humain, un dédale presqu'impénétrable ; mais j'ai voulu prouver qu'il n'y avait pas
deux ordres de lois pour régir l'univers, que tout y
était soumis aux mêmes règles, et qu'il ne nous
manquait que les moyens de les apprécier. Je ne doute
pas, par exemple, que la sensibilité ne soit comme
l'élasticité, en raison directe des principes et des
élémens qui constituent les tissus, ainsi qu'en raison

des proportions et des rapports de ces élémens ; je
ne doute pas que tel tissu, formé de telle quantité de
principes et dans tel état d'arrangement entre ses molécules, n'ayent toujours et partout les mêmes propriétés vitales, tant que rien en lui ne sera ajouté,
soustrait, ou transposé ; je ne doute pas que si les
fonctions de ces tissus varient suivant les climats,
les saisons, etc. , c'est que ces causes extérieures ont
fait varier sa texture en lui ajoutant ou lui soustrayant des principes.

Il ne faut pas accuser ma théorie d'imperfection,
parce que les explications des phénomènes laissent
beaucoup à désirer ; on entrevoit le but long-temps
avant de l'atteindre ; et parce que je me serai aperçu
qu'on ne connaîtra les phénomènes de la vie qu'en
les considérant comme un ensemble de lois physiques
et chimiques , il ne s'ensuit pas que j'aye découvert
ces lois. Or , ce n'est que parce que je les ignore,
que mes explications ne s'accordent pas en tout avec
l'observation ; il faut donc bien distinguer mon incapacité , de l'imperfection apparente de mon systême. Un système est l'étude des lois de la nature ; il
n'est donc jamais erroné ; ce n'est que quand les suppositions le remplacent , qu'alors on peut accuser la
théorie d'imperfection : ici, ce n'est que l'ignorance
qui doit être accusée.

Je suis loin de m'imaginer que cette rectification
de nos idées puisse avoir la moindre influence sur les

progrès de la médecine; car pour savoir que les propriétés vitales ne sont que les propriétés modifiées,
nous n'en sommes pas moins dans l'ignorance des
lois auxquelles, dans cet ordre de corps, la nature a
soumis la matière et ses propriétés. Nous ignorons
encore, par exemple, en quelles proportions, en
quels rapports, doivent être l'hydrogène, l'oxigène,
l'azote et le carbone pour donner de la fibrine, quelle
texture intime elle doit revêtir pour que sa contractilité s'élève à ce degré d'énergie que nous lui connaissons, etc., etc.

L'homme qui éclairerait de tels points, serait celui
qui rendrait à la médecine un service important. Mes
moyens moraux ne me permettront jamais d'atteindre
à ce but, qui doit pourtant être le seul qui dirige
dans ses études le médecin philantrope. C'est donc
simplement comme naturaliste, que je me suis permis
cette excursion dans l'abstrait de la physiologie ;
c'est sans regrets que j'abandonne un champ si stérile
pour le bonheur de l'humanité ; que ne m'est-il permis
de suivre dans le sentier plus fécond d'une sage observation, les Pinel, Bichat, Hallé, Dubois, etc. !
C'est en ne le quittant pas qu'ils se sont acquis la reconnaissance de leur siècle et la vénération des siècles à venir ; mais il ne suffit pas d'un désir ardent
d'imiter de si grands modèles ; il faut n'être pas dépourvu des facultés que la nature ne semble leur
avoir prodiguées qu'en en dépouillant les autres.

Il faut enfin avoir beaucoup lu, et médité ensuite sur ce qu'on a observé. Ni l'un, ni l'autre ne m'ont été possible, et je ne devais pas tarder plus long-temps d'émettre, quelles qu'elles fussent, mes idées physiologiques, puisque la mort bientôt en va suspendre le cours ; l'affection qui la précède ne m'a pas seulement permis de les coordonner. Aussi, après m'en être fait relire l'amas incohérent, n'ai-je plus qu'à invoquer la plus bienveillante indulgence.

FIN.